Heide Hasskerl

Wachteln

stv

Heide Hasskerl

Wachteln

Artgerechte Hobbyhaltung in Garten und Wohnung

Leopold Stocker Verlag
Graz – Stuttgart

Umschlaggestaltung:
Werbeagentur Rypka GmbH, 8143 Dobl/Graz, www.rypka.at

Fotonachweis: Foto Umschlag-Vorderseite: © iStock.com/LanaLanglois
Fotos Umschlag-Rückseite: Heide Hasskerl, außer 2. Foto links (Varavin88/Shutterstock) und 4. Foto links (Mona Lorenz)

Alle nicht mit einem Autorenvermerk gekennzeichneten Fotos bzw. Zeichnungen stammen von Heide Hasskerl.

Bibliografische Information der Deutschen Nationalbibliothek
Die Deutsche Nationalbibliothek verzeichnet diese Publikation in der Deutschen Nationalbibliografie; detaillierte bibliografische Daten sind im Internet unter http://dnb.d-nb.de abrufbar.

Hinweis: Dieses Buch wurde auf chlorfrei gebleichtem Papier gedruckt. Die zum Schutz vor Verschmutzung verwendete Einschweißfolie ist aus Polyethylen chlor- und schwefelfrei hergestellt. Diese umweltfreundliche Folie verhält sich grundwasserneutral, ist voll recyclingfähig und verbrennt in Müllverbrennungsanlagen völlig ungiftig.

Auf Wunsch senden wir Ihnen gerne kostenlos unser Verlagsverzeichnis zu:
Leopold Stocker Verlag GmbH
Hofgasse 5/Postfach 438
A-8011 Graz
Tel.: +43 (0)316/82 16 36
Fax: +43 (0)316/83 56 12
E-Mail: stocker-verlag@stocker-verlag.com
www.stocker-verlag.com

ISBN 978-3-7020-2008-8

Layout und Repro: Werbeagentur Rypka GmbH, 8143 Dobl/Graz

INHALT

„Wachtel, unter welchem Namen etwas ungenau abgegrenzt kleine Feldhühner verstanden werden, deren Hauptvertreter in der Alten Welt die Spezies Coturnix coturnix ist …“ (Aus: „Das Mundbuch – Eine Enzyklopädie alles Eßbaren“ von Waverley Root, erschienen im Eichborn Verlag 1994)

„Es ist nur so, dass wir es uns nicht leisten können, die Dinge nicht zu tun, die wir tun können.“ (Vandana Shiva)

VORWORT

LIEBE LESERINNEN UND LESER,

dieses Buch richtet sich an jenen Personenkreis, der keine oder nur geringfügige Kenntnisse zum Halten von Geflügel hat. Hier geht es speziell um den kleinsten Hühnervogel Europas, die Wachtel. Mit einfachen Worten und unter Berücksichtigung der Kosten werden Sie Schritt für Schritt mit dem Thema vertraut gemacht und Sie können bereits nach kurzer Zeit erfolgreich Wachteln halten und Ihre Gemüseabfälle in gesunde Eier umwandeln. Unerheblich ist hierbei, ob Sie ein größeres Grundstück, einen winzigen Garten oder „nur" eine Wohnung besitzen. Außerdem werden Ihnen in diesem Buch anhand praktikabler Beispiele wirklich nachhaltige Alternativen aufgezeigt, wodurch die Haltungskosten und das private Lebensmittel-Müllaufkommen deutlich reduziert werden.

Bevor ich zum eigentlichen Thema des Buches übergehe, möchte ich Ihnen zuallererst kurz erklären, was mich bewogen hat, dieses Buch zu verfassen. Der Impuls hierzu erreichte mich bereits Anfang des Jahres 2017. Ich war auf einen Artikel in der HAZ (Hannoversche Allgemeine Zeitung) aufmerksam geworden, in welchem das Halten von Hühnern im eigenen Garten mit der gegenwärtig aufblühenden Form des Imkerns verglichen wurde. Als ich den Wahrheitsgehalt dieses Artikels hinterfragte, staunte ich nicht schlecht: Offenbar gibt es tatsächlich immer mehr Menschen, denen der drastische Rückgang der Artenvielfalt innerhalb der heimischen Tierwelt aufgefallen ist und die nun diese stille Leere, diese furchtbare Einsamkeit, in die wir gerade stürzen, durch die Haltung von Geflügel auszugleichen versuchen (was nicht nur dem Menschen, sondern zudem dem Erhalt der Natur nützt).

Aber erst einmal kann und möchte ich gern bestätigen, dass wieder vermehrt – und nicht nur im ländlichen Raum – herrlich bunte, glückliche Hühner auf Grundstücken und in Gärten gehalten werden. Sogar auf Wegen und wenig befahrenen Straßen kann man Hühnerscharen, fast so wie vor 100 Jahren, beim Umherstreifen beobachten. Dass die Menschen das Halten von Hühnern für sich (wieder)entdeckt haben, hat sicherlich mehrere Gründe. Das Erfreuliche ist, dass immer mehr Menschen verstärkt Wert auf das Tierwohl

Der Igel ist mancherorts leider kaum oder gar nicht mehr anzutreffen. Er steht für eine (relativ) intakte Natur. Darüber hinaus ist der Igel ein Gourmet, der ein übersehenes Hühner- oder Wachtelei nicht verschmäht.

legen. Das Tierwohl zu stärken bedeutet gleichzeitig, die Umwelt zu schützen. Indem wir Haus- bzw. Nutztiere in unseren Alltag integrieren, machen wir an jedem Tag nicht bloß die Welt ein bisschen schöner und lebenswerter, sondern wir tragen zu Nachhaltigkeit und bis zu einem gewissen Grad zur Selbstversorgung bei. Was die Hühnerhaltung bzw. in unserem Fall die Wachtelhaltung mit dem Umweltschutz zu tun hat, erkläre ich auf den folgenden Seiten.

Handeln wir klug!

Welche Gründe könnten in der heutigen Zeit gegen eine Hühnerhaltung in der Stadt sprechen? Die Antwort darauf lautet: Es gibt keine! Nachdem vor einigen Jahren der Balkon oder die Fensterbank zur Versorgungsmöglichkeit mit frischem Gemüse entdeckt wurde und das Gärtnern auf dem Balkon sich beinahe schon zu einer Tradition entwickelt hat, kann die nächste Stufe der Selbstversorgung in der Stadt gezündet werden. Ich spreche von Balkon-Hühnern und Wohnungs-Hühnern – im Extremfall sogar von Fensterbank-Hühnern! Dies ist kein Witz, denn mit den kleinsten der europäischen Hühnervögeln, den Wachteln, ist das möglich! Wachteln sind vergleichbar mit Hühnern und nur etwas größer als unsere einheimischen Amseln. Und die Weibchen legen unter guten Bedingungen wirklich viele Eier, erzeugen dabei jedoch kaum Geräusche. Diese Eier schmecken nicht nur vorzüglich, sondern sie weisen überdies eine positive gesundheitliche Bedeutung auf. Wachteleier können wie ganz normale Hühnereier verwendet werden. Natürlich weist das Halten von Wachteln noch weitere Vorteile auf.

Da ich bereits seit Jahren mit der Haltung von Wachteln vertraut bin, die kleinen Hühnervögel jedoch bisher nur in der Voliere gehalten habe, musste ich ihre Wohnungstauglichkeit erst einmal testen, um einige Fragen zu klären, z. B.: Wie hoch ist bei Wohnungshaltung die Geruchsbelästigung? Welche Geräusche erzeugen sie? Werden Wachteln anhänglich? Das Ergebnis hat mich umgehauen.

Heide Hasskerl, Jänner 2022

Also, falls Sie einen Beitrag zum Umweltschutz leisten möchten, dabei aber Spaß empfinden, Ihren Geldbeutel schonen und selbstbestimmter leben wollen, großen Wert auf eine gesunde Ernährung legen und das Besondere lieben, dann ist die Wachtelhaltung genau das Richtige für Sie!

Apropos: Mit dem vorliegenden Buch möchte ich mein bisheriges Ratgeber-Selbstversorgungs-Paket, welches sich auf die Selbstversorgung mit frischem, vitalem Gemüse aus dem eigenen Anbau im heimischen Garten konzentriert, um eine weitere, essentielle Komponente ergänzen: Selbstversorgung mit frischen Eiern und, wenn man möchte, auch mit köstlichem Fleisch.

ISBN 978-3-7020-1142-0

ISBN 978-3-7020-1263-2

ISBN 978-3-7020-1627-2

GUTE GRÜNDE FÜR DIE HALTUNG VON WACHTELN

ALLGEMEINES: FAKTEN ÜBER UNSERE UMWELT

Momentan befinden wir uns 1. inmitten einer Klimaveränderung, die katastrophale Auswirkungen auf unsere Umwelt und somit unser Leben haben wird, 2. ertrinken wir in einer Müllflut und 3. öffnete uns das Corona-Virus die Augen, wie schlagartig sich das gewohnte Leben ändern kann. Bevor ich erkläre, inwiefern das Halten von Wachteln mit der Klimaveränderung, Müllflut und einer Pandemie in Zusammenhang steht, möchte ich Ihnen einmal anhand einiger Zahlen die tatsächliche Dramatik der Gegenwart verdeutlichen.

Im Jahr 2020 haben 11.000 Wissenschaftler den Klima-Notstand ausgerufen (Quelle: https://www.welt.de/wissenschaft/article203050604/11-000-Wissenschaftler-rufen-den-Klima-Notfall-aus.html vom 5. 11. 2019) und der Weltbevölkerung mitgeteilt, dass die Zivilisation unfassbares Leid erfahren wird, wenn nicht eine sofortige Änderung im Umgang mit der Umwelt eintritt.

Knapp 400 Seiten umfasst der aktuelle Weltkatastrophenbericht, den das internationale IFRC (International Federation of Red Cross and Red Crescent Societies) herausgegeben hat. Hitzewellen, Dürren, Überschwemmungen, Orkane kosten bereits jetzt vielen Menschen das Leben, und der größte Teil ist hausgemacht.

Niemand will eine zerstörte Welt, trotzdem benehmen sich manche Menschen nicht anders, als ob sie bereits mit gepackten Koffern auf eine orbitale Space-Rakete warteten, die sie zum nächsten erdähnlichen Planeten bringt, bevor die Erde vollkommen zerstört ist.

Wussten Sie, dass sich die Lebensmittelverschwendung weltweit auf rund ein Drittel der produzierten Lebensmittel beläuft und gleichzeitig etwa mehr als 20.000 Menschen täglich – etwa 12 Millionen jährlich – (Quelle: www.worldometers.info) verhungern? Innerhalb der EU landen jährlich etwa 88 Millionen Tonnen genießbare Lebensmittel im Müll. Allein in Deutschland sind es jährlich über 18 Millionen Tonnen und in Österreich „nur" 1 Million Tonnen. Knapp die Hälfte davon wird von den Haushalten in der Bio-Tonne entsorgt.

Für das Erzeugen von 18 Millionen Tonnen Lebensmitteln werden laut WWF 2,6 Millionen Hektar landwirtschaftliche

Nutzfläche gebraucht. 2,6 Millionen Hektar, bei denen durch die Bodenbearbeitung und die Maßnahmen zur Kulturpflanzenpflege unnötiges CO_2 produziert wird und zusätzlich Grundwasser verbraucht und die Umwelt durch den Einsatz von Pestiziden geschädigt wird. Karl Bär, Agrarexperte im Umweltinstitut München, sagte: „Pestizide landen in schätzenswerten Naturräumen, auf Bio-Äckern und in unserer Atemluft." Darüber hinaus schädigen Pestizide die Artenvielfalt. Dieser Ausstoß könnte – ohne Investitionen tätigen zu müssen – durch die Reduzierung von Lebensmittelmüll verringert werden, und die 2,6 Millionen Hektar könnten dem Ressort des ökologischen Landbaus zugeführt werden, wo der Schwerpunkt auf der Umweltverträglichkeit der Produktion und dem Tierwohl liegt und erst an zweiter Stelle der Ernteertrag berücksichtigt wird. Dies hätte endlich die gern zitierten „blühenden Landschaften" zur Folge.

Auf diesen 2,6 Millionen Hektar werden auch die Futtermittel für die landwirtschaftlichen Nutztiere erzeugt, denn Deutschland gehört zu den größten Tierproduzenten Europas! In deutschen Ställen werden über 11 Millionen Rinder (4 Millionen Milchkühe), 150 Millionen Geflügeltiere und über 26 Millionen Schweine gehalten (Quelle: Statistisches Bundesamt www.destatis.de).

Damit einher geht der bedenkliche Antibiotika-Einsatz in der Massentierhaltung: Deutschland steht laut Statistischem Bundesamt immerhin an der Spitze, was den Einsatz von Tiermedizin, insbesondere von Antibiotika betrifft. Daraus resultiert wiederum eine Schädigung der Natur durch das Ausbringen der Gülle von mit Antibiotika behandelten Tieren, die letztendlich ein Aufkommen antibiotikaresistenter Keime ermöglicht. Laut WHO starben 2015 weltweit 700.000 Menschen an solchen antibiotika-resistenten Keimen. Im Verlauf einer Studie des Mahidol Oxford Research Centre (MORU) in Bangkok und des Infectious Diseases Data Observatory (IDDO) in London kamen Wissenschaftler zu dem Ergebnis, dass das Problem Fahrt gewinnt und sprechen von möglicherweise 10 Millionen Toten 2050 allein dieser Keime wegen.

Jeder, der Lebensmittel achtlos in der Bio-Tonne entsorgt, sollte zudem bedenken, wie viel Wasser zur Produktion von Lebensmitteln nötig ist: Zum Beispiel sind über 1000 Liter Wasser erforderlich, um einen Liter Milch zu erzeugen (Quelle: www.peta.de), bei der Fleischproduktion schlagen deutlich höhere Werte beim Wassereinsatz zu Buche.

Der Klimawandel führte dazu, dass auch in Deutschland die Ressource „Wasser" rar geworden ist und dass man auch hierzulande dazu übergeht, aufbereitetes Abwasser aus Kläranlagen in der Landwirtschaft einzusetzen. Das Bundesministerium für Lebensmittelsicherheit empfiehlt Schwangeren und Personen mit einer geschwächten Immunabwehr Obst und Gemüse nicht nur zu waschen, sondern es zu blanchieren bzw. zu schälen.

Sogar der Bundesverband der Lebensmittelkontrolleure äußerte sich in einer Stellungnahme (Quelle: https://www.bfr.bund.de/cm/343/aufbereitete-abwaesser-bakterielle-krankheitserreger-auf-frischem-obst- und-gemuese-vermeiden.pdf). Darin wird der Verbraucher auf die Gefahr der bakteriellen Kontaminierung (multiresistente Keime) hingewiesen, die durch die Bewässerung mit Klärwasser erfolgen und die erhebliche gesundheitliche Störungen bewirken kann.

Wachtelhaltung als „Beitrag zum Umweltschutz“

Sie werden sich nach diesen erschreckenden Fakten zu Klima, Umwelt, Massentierhaltung usw. fragen: Und was hat das nun mit den Wachteln zu tun? Die Antwort darauf ist ganz einfach: Die kleinen Hühnervögel verwerten einen Teil der Gemüse- und Obstabfälle, die in der Küche anfallen und ziehen daraus Nährstoffe, um in Folge köstliche Eier zu legen. Jeder Haushalt, der auch nur ein paar Wachteln hält, kommt auf diese wirklich simple Weise in den Genuss fantastisch frischer Eier und trägt darüber hinaus – wenn auch nur in kleinem Ausmaß – dazu bei, die oben genannten Probleme zu verringern.

Ich bin fest davon überzeugt, dass das Halten von Wachteln eine effektive Form aktiven Umweltschutzes darstellt und von vielen Personen betrieben werden sollte. Denn das Schöne daran ist: Jeder kann Wachteln halten und dadurch für die Umwelt aktiv werden.

TIPP! Umweltschutz zahlt sich aus

Jede einzelne auch noch so kleine Maßname zur Verbesserung unserer Umwelt ist ein wichtiger Beitrag zum Umweltschutz!

Vorteile der Wachtelhaltung

- pflegeleichte, sympathische Haustiere mit Nutztierfaktor (Wachteln vereinen das Nutztier mit dem Haustier)
- zumindest teilweise Selbstversorgung mit frischen Eiern/frischem Fleisch – unabhängig von wirtschaftlichen Ereignissen
- pädagogisch wertvoll für Kinder und Erwachsene (echte Nutztiere) – Respekt vor anderen Lebensformen; Essen „bekommt ein Gesicht"
- perfekte Lebensbegleiter für Senioren
- nachhaltiger leben, aktiven Umweltschutz betreiben: durch Verwertung anfallender Gemüseabfälle aus der Küche – Reduzierung des CO_2-Fußabdrucks

Salatreste werden von den Wachteln gern gefressen. Auf diese Weise reduzieren die kleinen Hühnervögel den Eintrag in die Bio-Tonne.

ALLGEMEINES ÜBER WACHTELN

In diesem Buch geht es nicht um die professionelle Haltung von Wachteln, sondern um die Hobbyhaltung. Daher betone ich neben den wichtigen und wissenswerten fachlichen Informationen bezüglich ihrer Haltung auch immer wieder die allgemeinen Besonderheiten der Wachteln.

HISTORIE DER WACHTELHALTUNG

Noch vor wenigen hundert Jahren wurde bei der Zucht der Wachtel viel Wert auf ihre Stimme gelegt. Die Japanwachtel wurde in Japan nämlich als Singvogel gehalten. Doch dann kam anscheinend jemand auf die Idee, auch ihr Fleisch zu probieren. Es wurde zur Delikatesse erklärt. Und schließlich wurde aus dem delikaten Singvogel eine Eier-Legemaschine, die nach Ablauf der Saison gegessen wird.

So wurde die Wachtel vom Haustier zum Nutztier. In einigen Ländern Europas hat sich mittlerweile ein landwirtschaftlicher Bereich ausgebildet, bei dem Wachteln in Legebatterien gehalten werden – vergleichbar mit der in einigen europäischen Ländern bereits verbotenen Legehennen-Käfighaltung.

In Europa wird hauptsächlich die Japanische Legewachtel für die Eier- und Fleischproduktion gezüchtet. Da die Japanwachtel drei wesentliche Eigenschaften vereint, ist sie heute die mit Abstand am meisten verbreitete Wachtelart, obwohl sie erst um 1950 nach Europa eingeführt worden ist.

VERSCHIEDENE WACHTELARTEN

Verschiedene Farbschläge der Wachteln

Foto © cynoclub/Shutterstock

Japanwachtel mit gelblich-weißer Färbung

Tenebrosus

Tenebrosus Schecke

Rotkopf

Falbfee

Mastwachtel

Systematik der Hühnervögel

Klasse	Vögel (*Aves*)
Ordnung	Hühnervögel (*Galliforma*)
Familie	Fasanenartige (*Phasianidae*)
Gattung	Erdwachteln (*Coturnix*)
Art	Wachteln (*Coturnix coturnix*)
Unterarten	1. Japanische Wachtel (*Coturnix japonica*)
	2. Sibirische Wachtel (*Coturnix japonica ussuriensis*)
	3. Afrikanische Wachtel (*Coturnix africana*)

Neben den oben geannten Unterarten gibt es außerdem die **Regenwachtel** (*Coturnix coromandelica*), die **Harlekinwachtel** (*Coturnix delegorguei*) und die ausgestorbene **Neuseeländische Schwarzbrustwachtel** (*Coturnix novaezelandiae*).

Auch wenn Wachteln wie die Haushühner zur Ordnung der Hühnervögel zählen, unterscheiden sie sich gravierend von dieser Unterart.

- sie gackern nicht – weder bevor sie legen noch danach
- sie scharren nicht – nur marginal, wenn sie ein Sandbad nehmen und sich eingraben
- sie sind keine Allesfresser
- der Wachtelhahn kräht nicht, sondern ruft mit heiserer Stimme
- Wachtelhähne untereinander vertragen sich verhältnismäßig gut
- Wachtelhennen untereinander sind verhältnismäßig friedfertig

Legewachteln

Unter guten Haltungsbedingungen wird eine Henne etwa 3–4 Jahre alt und legt während der Saison etwa alle 16–18 Stunden ein Ei. Die Legesaison beginnt mit dem Steigen der Sonne im Frühjahr und endet abrupt im Herbst. Die Temperatur und die Lichtverhältnisse sind also – neben dem Futter – für die Legeleistung von entscheidender Bedeutung.

Das bedeutet, dass die Legesaison durch eine Heizung und eine künstliche Beleuchtung (was natürlich nur bei der Wohnungshaltung bzw. in einem Schuppen oder Stall möglich ist) verlängert werden kann und dadurch die durchschnittliche Legeleistung von rund 300 Eiern im Jahr auf etwa 400 Eier angehoben werden könnte. Auch das Futter spielt für die Eierproduktion eine entscheidende Rolle. Allerdings geht eine erhöhte Legeleistung mit der Reduktion der Lebenserwartung der Wachtel einher.

So wurde schnell erkannt, dass diese wunderbaren Tiere eine lukrative Geschäftsgrundlage bilden, zumal dem Wachtelei gesundheitsfördernde Eigenschaften zugeschrieben werden (siehe S. 121).

Leider wurde, wie in der industrialisierten Tierhaltung so oft, auch bei der Ausgestaltung der Lebensbedingungen der kommerziellen Wachtelhaltung gespart – den Wachteln in kommerziell ausgerichteter Haltungsform geht es nicht besser als anderem aus wirtschaftlichen Gründen gehaltenem Geflügel. Im Grunde geht es ihnen schlechter, da für Wachteln keine gesetzlichen Rahmenbedingungen geschaffen wurden und lediglich das Tierschutzgesetz greift.

Japanwachtel

Die in der Hobbyhaltung am meisten verbreitete Wachtel ist die Japanwachtel (*Coturnix japonica*), da diese Wachtel in puncto Selbstversorgung mit frischen Eiern und/oder Fleisch die erste Wahl ist.

Die Japanwachtel ist äußerst ruhig, legt sehr viele Eier und bildet dabei einen vollfleischigen Körper aus. Im Gegenzug zu den Mastwachteln, deren Haltung ausschließlich des Fleisches wegen erfolgt, können Japanwachteln mit dem Ende der Legesaison zusätzlich als Fleischlieferanten genutzt werden.

Japanwachtel

Mastwachteln

Wer gerne Fleisch verzehrt, für den ist die Haltung von sogenannten Mastwachteln sicher eine Alternative. Jedoch legen diese Wachteln deutlich weniger Eier. Der Schwerpunkt von Mastwachteln liegt auf der Bildung von Fleisch. Diese Wachteln werden größer als die Legewachteln – und das in einer atemberaubenden Zeit – und sind im Verhalten deutlich ruhiger. Bereits 10–15 Wochen nach dem Schlüpfen können sie geschlachtet werden. Ein Beispiel ist die „Texaswachtel", die für ihr betont ruhiges Verhalten bekannt ist.

TIPP! Haus- oder Nutztier

Für mich ist die Unterscheidung zwischen „Haustier" und „Nutztier" wichtig: Wer seine Wachteln als Nutztiere sieht, wird sie durch die Fütterung von Legemehl zu intensivem Eierlegen bringen – im Unterschied zu jenen, die ihre Wachteln als „geliebte Haustiere" sehen und nicht als „stupide Legemaschinen". Haustiere sind Tiere, die artgerecht gehalten und nicht aus Gewinnsucht zum Erzielen von Höchstleistungen gequält werden!

DIE HALTUNG VON WACHTELN

Wachteln sind wunderbare Haustiere, aber anders als Hund, Katze, Meerschweinchen & Co erzeugen diese Tiere neben der Freude, die sie bringen, auch Nahrung! Vermutlich wird sich jeder, der ernsthaft mit dem Gedanken spielt, sich Wachteln der Eierversorgung wegen anzuschaffen, erst einmal dafür interessieren, worauf er sich einstellen muss.

WESEN & VERHALTEN DER WACHTELN

Klein und lieblich

Wachteln sind äußerst liebenswert, weil sie possierliche, nicht einmal taubengroße Vögel sind, die in unterschiedlichen Farbschlägen und Gattungen vorkommen und eine wohltuende Ruhe verbreiten. Die Hähne ähneln in keiner Weise jenen von Haushühner-Rassen. Wachtelhähne weisen weder einen roten Kamm noch rote Hautlappen unterhalb des Schnabels auf. Sie ähneln vielmehr den Weibchen (Hennen), sind jedoch etwas kleiner und leichter als die Hennen. Bei verschiedenen Farbschlägen sind erwachsene Tiere gut am Kehlstrich zu erkennen.

Ruhig und intelligent

Die kleinen Hühnervögel sind bei guter Haltung äußerst ruhige und intelligente Haustiere. Wachteln verhalten sich anders als Hühner. Sie gackern beispielsweise nicht, wenn sie ein Ei gelegt haben, und die Hähne begrüßen den Morgen nicht mit einem weithin schallenden Krähen. Wachteln hacken nicht – nicht wie manche andere Geflügelarten – und in der Regel kratzen sie auch nicht, wie etwa Kaninchen oder Katzen es tun. Eine Wachtel zankt sich nicht um das Futter; es sei, die Haltungsmethoden führen zu Hunger innerhalb der Gruppe.

Dass sie panisch davonfliegen, wenn man sich ihnen nur nähert, kann ich nicht bestätigen. Denn ob Wachteln ruhig sind oder mit Panik auf Geräusche oder Bewegungen reagieren, hängt letztendlich davon ab, wie der Tierhalter mit ihnen umgeht. Wachteln, die in engem Kontakt zu ihrem Halter stehen, neigen kaum zu Panik. Wurden sie daran gewöhnt, stört die kleinen Hühner weder laute Rockmusik noch das Bellen eines Hundes oder das Zuschlagen einer Tür. Immerhin verdanken die Feldhühner ihr Überleben in der Natur ihrer Anpassungsfähigkeit.

WICHTIG! Keine Einzelgänger

Wachteln leben in Gruppen (Schar). Sie können nicht einzeln gehalten werden. Die Mindestanzahl sind 3–5 Wachteln.

Verträglich und friedfertig

Da Wachteln auch in der freien Wildbahn in Scharen (Gruppen) leben, müssen sie miteinander gut auskommen. Würden sie sich häufig streiten, wären sie eine leichte Beute für Raubvögel & Co. Anders, als dies innerhalb von Hühnerscharen üblich ist, habe ich noch keine Hierarchie unter den Wachtelweibchen (Hennen) innerhalb einer Gruppe beobachten können. Auch die Wachtelhähne der Japanischen Legewachtel weisen untereinander, im Gegensatz zu Hühnerhähnen, nur eine geringe Aggressivität auf. Mir ist auch noch nie aufgefallen, dass Wachteln sich gegenseitig verletzen. Allerdings reagieren die Hähne mit einem Anstieg der Wollust auf das Steigen der Sonne im Frühjahr. Sie rufen dann deutlich mehr nach den Partnerinnen als das restliche Jahr über und sind sexuell deutlich aktiver.

Wachteln sind gesellige Tiere. Sie teilen sich problemlos den Platz zum Sandbaden oder sie gehen ungestört ihrer jeweiligen „Beschäftigung“ nach. Die Haltung erfolgt auf diesem Foto in einem ehemals ungenutzten Raum in einem Wohnhaus.

Zahm und neugierig

Wenn man sehr ruhig mit Wachteln umgeht, können sie sehr zahm werden, sodass man sich bei in der Wohnung gehaltenen Wachteln sogar überlegen kann, sie frei in der Wohnung laufen zu lassen. Allerdings müsste dann der Boden zum Schutz vor Kothäufchen mit einer Abdeckfolie (wie sie zum Renovieren verwendet wird) ausgelegt werden.

Sobald die Wachteln ein neues Gebiet angeboten bekommen, erkunden sie es, denn sie sind extremst neugierig. Wenn sie ein „Spielzeug“ entdeckt haben, strecken sie ihren Hals hervor und pirschen sich an. Falls Sie z. B. Ihren Fuß in die Voliere setzen, kann es durchaus passieren, dass die Wachteln diesen erkunden wollen. Selbst eine Schale mit Weizengras wird vor dem Verzehr genauestens untersucht. Es bereitet viel Freude sie dabei zu beobachten.

Ungeschickt und träge

Wachteln sind unglaublich ungeschickt, sie benutzen keine Hühnerleiter, und selbst ein kurzer Aufstieg über ein Brett (z. B. zur Rückkehr ins Wachtelhaus) muss ihnen mit „Leckerlies“ schmackhaft gemacht werden.

Eine weitere typische Eigenschaft ist ihre Trägheit und Ruhe: Sofern sie die Möglichkeit haben, liegen sie regungslos in der Sonne und genießen ein Sonnenbad. Dabei räkeln sie sich und spreizen genüsslich ihre Federn.

Auch Amseln räkeln sich gerne in der Sonne.

Zart und empfindlich

Die kleinen Hühner sind sehr filigran und sie vertragen auch nicht wirklich viel Stress. Ich betreute 2020 eine Gruppe von 15 Jungwachteln, die ich täglich frühmorgens in die Gartenvoliere brachte und am Abend wieder zurück in ihren absolut sicheren Stall beförderte. Eine Wachtel sprang dabei aus der Transportbox (eine handelsübliche Box, in der Kleintiere transportiert werden) und plumpste (Wachteln können wirklich nicht gut fliegen) aus etwa 1 Meter Höhe auf den Boden. Sie war auf der Stelle tot.

Schlechte Flieger

Zwar trainieren die jungen Wachteln, die als Haustiere gehalten werden, das „Fliegen", sobald die Schwingen flugtaugliche Federn aufweisen (etwa 2 Wochen nach dem Schlüpfen). Doch das „Fliegen" junger Wachteln ähnelt dem Fluchtverhalten. So wirklich fliegen, wie etwa Tauben oder Krähen es beherrschen, können sie nicht. Und auch erwachsene Wachteln fliegen sehr selten, was dazu führt, dass sie dies nicht wirklich können. Ich habe beobachtet, dass Wachteln entweder aufsteigen, weil sie sich erschrocken haben oder weil sie von einer anderen Wachtel (besonders bei Hähnen zu beobachten) verfolgt wurden. Sie steigen auf, fliegen einige Meter und landen oft unsanft. Es ist kaum zu glauben, dass ihre in der freien Natur lebenden Verwandten zum Überwintern bis nach Afrika fliegen.

Fliegende Jungwachtel

Wachteln sind schnell und mit wenigen Mitteln zufriedengestellt. Aus meiner persönlichen Erfahrung würde ich Wachteln mit den drei folgenden Worten beschreiben.

Sie sind
- ruhig
- anpassungsfähig
- friedlich

Wachteln stehen oder liegen gern und schauen mit großen, neugierigen Augen in die Welt (wenn nicht gerade wieder ein Ei gelegt werden muss).

ALLGEMEINES ZUR HOBBYHALTUNG

Gute Gründe, die für die Wachtelhaltung sprechen

- Die Kosten für die Anschaffung von Wachteln sind gering.
- Der Platzbedarf ist derart gering, dass die Haltung von Wachteln in kleinen Gärten und sogar in einer Wohnung bzw. auf einem Balkon möglich ist.
- Es sind keine Vorkenntnisse für die Haltung von Wachteln erforderlich.
- Auch handwerklich nicht sonderlich begabte Personen können kostengünstige Wachtel-Quartiere selbst bauen.
- Bei sachgemäßer Haltung werden weder die Nachbarn noch Sie selbst durch Lärm oder durch unangenehme Gerüche belästigt.
- Der Eintrag in die Bio-Tonne wird reduziert: Die Gemüse-Putzabfälle werden von den Wachteln vertilgt.
- Futtermittel können auf dem Balkon und/oder im Garten kostengünstig selbst angebaut werden.
- Weitere Futtermittel können in jedem Tierbedarfsgeschäft (auch online) gekauft werden.
- Die meisten gekauften Futtermittel lassen sich problemlos und ohne Kühlung über einen sehr langen Zeitraum lagern.
- Lebensmittelsicherheit nicht nur während Krisenzeiten genießen: Zur Selbstversorgung mit frischen Eiern genügen schon 4 Legewachteln pro Person.
- Der Umgang mit den putzigen Tieren wirkt sich wohltuend auf das Wohlbefinden aus.
- Einen weiteren Vorteil stellt der Dünger dar, der bei der Wachtelhaltung anfällt und der in den Garten wandern kann – kostengünstig und frei von unerwünschten Zusätzen!
- Das Halten von Wachteln bedeutet in der Summe, aktiv Umweltschutz zu betreiben und wirklich nachhaltig zu leben.

Oft fällt die saisonale Ernte im eigenen Nutzgarten üppig aus. Beim Konservieren oder bei der Verwendung in der Küche fallen daher mehr Putzabfälle an. Wachtel- oder Hühnerhalter werden diese „Abfälle" weder auf dem Kompost noch in der Bio-Tonne entsorgen: Gemüseabfälle sind optimale Futtermittel, die frei von unerwünschten Beeinträchtigungen sind und daher als Nahrungsergänzung für Geflügel (und natürlich auch für andere Haustiere) optimal geeignet sind.

Zugewinn
Wachtelweibchen erzeugen leise Töne, die entfernt an das Quaken von Fröschen erinnern. Diese Töne weisen eine stark beruhigende, beinah in Meditation versetzende und entspannende Wirkung auf. Die putzigen Tiere zu beobachten, bereitet ebenfalls viel Vergnügen.

HALTUNG: VORAUSSETZUNGEN

Wachteln zu halten, bedeutet im Grunde genommen nichts anderes, als etwa Kaninchen, Katzen oder Wellensittiche als Haustiere zu halten.

Der einzige Unterschied ist, dass die possierlichen kleinen Hühnervögel gesunde und köstliche Eier legen. Außerdem muss man ihr Futter nicht ausschließlich kaufen, denn im Garten, auf dem Balkon und am Fensterbrett können Gemüse,

Der Fantasie bei der Kultur von nahrhaftem und gesundem Grün für die Wachteln sind keine Grenzen gesetzt. Selbst auf einer Fensterbank lässt sich Wachtelfutter wie z. B. ein Teller Weizengras ziehen. Am besten sät man Getreide in kleineren Gefäßen regelmäßig aus, dann steht den Wachteln laufend frisches Grün zur Verfügung.

Grundsätzliche Überlegungen vor der Anschaffung von Wachteln	
1. Wie viel Zeit kann ich aufwenden?	Anfallende Arbeiten sind: Füttern und Wasser verabreichen, Einsammeln der Eier, Reinigung der Ställe.
2. Wer versorgt meine Tiere, wenn ich im Urlaub oder krank bin?	Für „Vertretung“ sorgen!
3. Wie viel Geld möchte ich ausgeben?	Kosten für die Anschaffung der Tiere, für Volieren, Futter, Einstreu usw. berücksichtigen!
4. Kann ich eigene Futtermittel beisteuern?	Gemüse- und Obstabfälle vom Kochen, eigener Anbau von Obst und Gemüse, Überschüsse aus dem Garten etc.
5. Wie viel Wachteleier brauche ich täglich bzw. wöchentlich?	1 Hühnerei entspricht etwa 5 Wachteleiern.
6. Will ich auch Wachtelfleisch essen?	Eventuell Mastwachteln zusätzlich zu Legewachteln anschaffen.
7. Möchte ich selber Wachteln züchten (vermehren)?	Brutapparat anschaffen oder Tiere beim Züchter kaufen.
8. Wage ich den Sprung ins kalte Wasser?	Lieber Vorsicht walten lassen und mit wenigen Tieren anfangen.

Salat und andere Köstlichkeiten, die Wachteln lieben, selbst gepflanzt werden. Darüber hinaus sind Wachteln optimale Verwerter von nicht mehr ganz taufrischem Obst und Gemüse sowie von Gemüse- und Obstabfällen, die beim Kochen anfallen.

Die Entscheidung für die Haltung von Wachteln ist gut zu überdenken, denn sehr oft wird die Anschaffung von Haustieren aus einer Laune heraus beschlossen. Die zahlreichen Tiere, die nur wenige Wochen nach den Weihnachtsfeiertagen im Tierheim enden, beweisen diese These. Deshalb gehe ich hier näher auf einige wichtige Fragen ein:

Eine Frage der Zeit

Der Arbeitsaufwand beim Halten von Wachteln ist überschaubar und deutlich geringfügiger als etwa jener, der mit dem Halten einer Katze oder gar eines Hundes verbunden ist. Neben dem Füttern und dem Anbieten von frischem Wasser müssen die Quartiere gereinigt und die Eier eingesammelt werden. Bei der Nutzung entsprechender Futterautomaten und Wachteltränken beläuft sich der Zeitaufwand auf etwa 2 Stunden wöchentlich.

Sie sehen, die Wachtelhaltung verursacht kaum Arbeit, sondern vielmehr zahlreiche Stunden des Genießens der beruhigenden Anwesenheit der neuen Mitbewohner. Daher ist die Haltung für beinahe jede Altersgruppe (mit Ausnahme von Kleinkindern) sehr empfehlenswert.

Eine Frage des Managements

Urlaub und Krankheitsfall stellen die meisten Tierbesitzer vor logistische Herausforderungen. Wer versorgt während dieser Zeit die Tiere? Anders als bei Haustieren mit „Schmuse-Bedürfnis" kommen Wachteln länger ohne ihr „Herrchen" aus. Die handelsüblichen Futterautomaten und Trinkflaschen, die man bequem anbringen kann, versorgen die Tiere über mehrere Tage. Das einzige Problem stellen die Eier dar, die, wenn sie nicht regelmäßig eingesammelt werden, verschmutzt werden können.

Eine Frage der Kosten im Vergleich zum Nutzen

Es ist unbedeutend, auf welche Weise die Wachtelhaltung gestartet wird. Erst einmal muss man Geld investieren. Denn die Anschaffung der Wachteln, das Futter und das Quartier mitsamt der Ausstattung kosten Geld.

Geht man von einer Anschaffung von **5 Wachteln** aus, so sollte man je nach handwerklichen Fähigkeiten (das Quartier z. B. selbst bauen bzw. einen Karton herrichten) mit etwa 50–100 Euro Startausgaben rechnen. In diesem Betrag sind die Futtermittel für eine ganze Legesaison, das Quartier, Wärmequellen, die Einstreu für die nächsten 5–6 Monate sowie die Wachteln enthalten.

Dafür bekommt man über einen mehrmonatigen Zeitraum jeden Tag frische Eier. Also sind 5–8 Wachteleier pro Tag + die angenehme Wirkung, die die Tiere auf ihre Halter ausüben, der Nutzen.

Wenn man Wachteleier im Handel kauft, kostet das frische Wachtelei zwischen 35 und 83 Cent.

5 Wachteln legen während der Saison in 10 Tagen durchschnittlich etwa 60 Eier, wobei auch mehr Eier durchaus realistisch sind. Ausgehend vom günstigsten Preis (z. B. bei einem großen Internethändler) würden 60 Wachteleier im Handel etwa 21 Euro kosten. Das bedeutet, man spart in 10 Tagen bereits 21 Euro, was auf den Monat hochgerechnet ca. 63 Euro ergibt. Das heißt, man hat bereits nach etwa 2 Monaten die Anfangsinvestitionen getilgt. Am Ende der Saison sollte der Wachtelbestand verringert werden: Die Hennen legen nicht mehr.

Noch teurer sind bereits eingelegte Wachteleier. Dafür muss man knapp einen Euro pro Stück bezahlen. Wachteleier selbst einzulegen ist jedoch ganz einfach (siehe Rezeptteil ab S. 129), und wieder kann man viel Geld sparen, ebenso wenn man Wachteleier für Dekozwecke selbst ausbläst und nicht kaufen muss.

- Der finanzielle Nutzen ist also nicht der einzige gute Grund für die Hobbyhaltung von Wachteln:
- Die Qualität von frischen Wachteleiern ist unbestritten.
- Noch dazu kann sich die Anwesenheit dieser sympathischen Tiere positiv auf die Stimmungslage des Halters auswirken.
- Falls Sie kleine Kinder oder Enkel haben, sorgt die Wachtelhaltung garantiert für Begeisterung bei den Kids.
- Und: Man leistet einen nicht zu vernachlässigenden Beitrag zum Umweltschutz, zur Nachhaltigkeit und verwertet zudem Lebensmittelmüll optimal.

Eine Frage des Abfalls

Bei durchaus noch verzehrbaren Lebensmitteln von Abfall zu sprechen, verbietet sich im Grunde jedem intelligenten Menschen. Eigentlich dürfte er nicht einmal anfallen. Dennoch kommt es immer wieder vor, dass Tomaten matschig, Gurken gelb und Salate welk werden. Täglich wandern große Mengen derartiger Nahrungsmittel in die dafür vorgesehenen Mülltonnen.

Die anfallenden Gemüseabfälle – in diesem Fall eine zerbrochene Gurke – gleich im Wachtel-Quartier bzw. im Auslauf verteilen. So wird alles gut verwertet.

Laut einer WWF-Studie gelangen statistisch betrachtet sekündlich 313 kg Lebensmittel in den Müll (Quelle: wwf.de). Allein in Deutschland summiert sich der Lebensmittelmüll jährlich auf über 18 Millionen Tonnen. Knapp die Hälfte davon wird von den Haushalten verursacht.

Wer Wachteln hält, wird – zumindest was Gemüse und Obst betrifft – nie in die Verlegenheit kommen, nicht mehr ganz frische Lebensmittel wegwerfen zu müssen. Diese „Abfälle" können von den Wachteln verzehrt werden. Das schont nicht nur die Umwelt, sondern wiederum den Geldbeutel, weil die Wachteln aus diesem Lebensmittelmüll viele gesunde Eier produzieren.

Die eigenen Ressourcen nutzen?

Unter den eigenen Ressourcen fasse ich die im jeweiligen Haushalt anfallenden Gemüse- und Obstabfälle und das explizit im eigenen Nutzgarten oder auf dem Balkon für die Wachteln kultivierte Grün zusammen – beides liefert reichlich optimales Wachtelfutter.

Bei den anfallenden Ressourcen handelt es sich oft nicht um Abfälle, sondern ganz klar um einen Überbestand: Manchmal lässt man sich dazu hinreißen, mehr einzukaufen als man benötigt, manchmal sagen Gäste ab.

Und wer einen Nutzgarten hat, weiß, dass manchmal mehr gleichzeitig reift, als momentan verbraucht werden kann.

Die Gründe, warum es zu einem Überbestand kommt, sind unerheblich, solange der Überbestand nicht in der Bio-Tonne entsorgt, sondern verwendet wird. Allerdings sollte der zu Futterzwecken verwendete Überbestand weder verschimmelt noch verfault sein!

Eine Frage der Menge

Bei der Hobbyhaltung von Wachteln in kleinen Gärten oder gar in der Wohnung geht es in erster Linie um Selbstversorgung mit Wachteleiern und den positiven Nebeneffekt, gleichzeitig aktiv Umweltschutz zu betreiben (siehe oben – Vermeidung von Lebensmittelmüll).

Wie viele Wachteln man sich hält, wird also davon abhängen, wie viele Eier man haben möchte und wie viele Obst- und Gemüsereste im Haushalt bzw. im Garten anfallen. Einsteiger sollten am besten mit 3–5 Wachteln starten und die Anzahl bei Bedarf später erhöhen.

Wachteleier

Die Frage, wie viele Wachteleier zur Selbstversorgung benötigt werden, lässt sich am ehesten durch die Einschätzung des wöchentlichen Hühnereibedarfs berechnen: Man kann etwa 5–6 Wachteleier mit einem Hühnerei vergleichen. Wachteleier können ja wie Hühnereier verwendet werden. Auch wenn die Eier gern mit einem exotischen Anstrich versehen werden, handelt es sich dabei grundsätzlich erst einmal „nur" um Eier, jedoch von weit besserer Qualität, als Hühnereier aus dem Supermarkt sie aufweisen (siehe S. 121: Das Wachtelei).

Frischen Wachteleiern werden viele gesundheitsfördernde Eigenschaften zugesprochen, wobei besonders deren wohltuende Wirkung bei allergischen Beschwerden hervorgehoben wird. Aus eigener Erfahrung kann ich berichten, dass im Verlauf meines täglichen Verzehrs von Wachteleiern eine Senkung meines Blutdrucks einsetzte, was eine Verbesserung des Herzrhythmus bewirkte. Mein Mann konnte eine Linderung seiner Magenprobleme, die sich durch Völlegefühl und Sodbrennen bemerkbar gemacht haben, feststellen.

TIPP! Selbstversorgung

Für die Versorgung einer Familie mit 2 Familienmitgliedern reichen erfahrungsgemäß 6–8 Wachteln vollkommen aus, für Singles empfehle ich 3–4 der kleinen Hühnervögel.

Foto © Mona Lorenz

Wachtelfleisch

Neben Eiern liefern Wachteln auch äußerst delikates Fleisch. Im Internet schwanken die Preise für küchenfertige Wachteln zwischen 20 und 30 Euro pro Kilogramm. Pro Person und Gericht geht man von einer Wachtel mit einem Schlachtgewicht von etwa 200 g aus.

Wer oft Wachtelfleisch essen möchte, sollte zur Aufzucht von fleischliefernden Wachteln die Anschaffung eines Brutapparats in Erwägung ziehen. Oder man kauft bei einem Züchter ein paar Wochen alte Junghähne: Diverse Züchter veräußern die im Verlauf der Brut anfallenden Hähne (diese kosten etwa 1–2 Euro pro Tier; am besten im Internet suchen und bei einem regionalen Züchter kaufen). Diese Junghähne zieht man selbst auf, bis sie ein Gewicht von etwa 400 g erreicht haben.

TIPP! Hahn für Wachtelzucht

Für Einsteiger empfiehlt es sich, etwa 5 Wachteln zu halten. Sollen Wachteln gezüchtet (vermehrt) werden, muss der Hennenschar ein Hahn hinzugefügt werden. Ein einzelner Hahn ist zur Befruchtung von 5 Hennen absolut ausreichend.

HALTUNG: WO?

Wie schon erwähnt, können die kleinen Hühnervögel auch in einem kleinen Garten oder sogar in der Wohnung gehalten werden. In beiden Fällen ist jedoch in erster Linie wichtig, für die nötige Heizung und Beleuchtung zu sorgen, falls die Tiere aus temperierten Stallanlagen kommen, denn dann sind sie daran gewöhnt. Es ist wichtig, sich beim Erwerb der Wachteln mit den bisherigen Haltungsbedingungen vertraut zu machen.

Haltung im eigenen Garten

Werden Wachteln im Garten gehalten, ist es unerheblich, ob sich der Garten in einem reinen Wohngebiet befindet, da Wachteln vom gesetzlichen Standpunkt her keine Nutztiere, sondern Haustiere sind. Wachteln verhalten sich auffällig ruhig und erzeugen bei sachgemäßer Haltung keine unangenehmen Gerüche.

Grundsätzlich stellt sich jedem Gartenbesitzer vorerst die Frage, ob ein bislang ungenutzter Bereich wie z. b. ein Schuppen, eine Garage, ein alter Stall etc. genutzt oder der Garten durch die Integration einer Voliere verändert werden soll.

Wie das Wachtelquartier letztlich gestaltet wird, hängt von mehreren Faktoren ab:

- von den handwerklichen Fähigkeiten,
- vom finanziellen Aspekt und
- von persönlichen Ansprüchen (z. B. kann man, falls Kinder Wachteln halten möchten, alte Möbel aus dem Kinderzimmer zu einer Wachtelunterkunft umbauen – siehe S. 54 bzw. S. 67).

HINWEIS! Schutz vor Räubern

Wichtig ist vor allem, die Wachteln vor Raubtieren wie Marder, Ratten, Katzen oder vor Raubvögeln wie Elster, Krähe, Sperber, Falke etc. zu schützen!

Haltung in einem Kleingarten/ Schrebergarten

Mitglieder eines Kleingartenvereins dürfen in ihren Kleingärten Wachteln halten, da ja der Aufenthalt von Hunden dort auch nicht untersagt wird. Allerdings besteht auch hier die Gefahr, dass die Wachteln Opfer von Raubtieren werden.

Haltung in der Wohnung ohne Garten

Meistens ist in einer Stadtwohnung das Platzangebot begrenzt, was jedoch ebenso wenig gegen das Halten von Wachteln in einer Wohnung spricht, wie etwa die Integration einer großen Dogge unter derart beengten Verhältnissen.

Welche Voraussetzungen muss eine Wohnung grundsätzlich erfüllen, damit die Wachtelhaltung ohne Garten wirklich zufriedenstellend funktioniert? Ganz einfach: Licht, Luft und Wasser – wie alle anderen Lebewesen benötigen auch Wachteln diese drei Elemente im richtigen Verhältnis. Falls zur Wohnung ein Balkon gehört, kann dieser selbstverständlich in die Planung miteinbezogen werden.

Sogar eine breite, große Fensterbank kann zu einer Wachtelunterkunft umfunktioniert werden (so, wie man beispielsweise einen Vogelkäfig auf die Fensterbank stellt).

Diese Wachteln sind in einem Schuppen untergebracht.

Entlang einer Gartengrenze, die durch eine Hecke begrünt wird, finden Wachteln ein optimales Umfeld. Unter der Hecke werden sie nicht von Raubvögeln entdeckt, sie finden darunter an heißen Tagen auch wohltuenden Schatten.

Das einzige Problem, das bei der Wohnungshaltung auftreten könnte, ist eine stärkere Beleuchtung: Bei nicht ausreichend natürlichem Licht sollten „lichthungrige" Orte mit Tageslichtlampen beleuchtet werden, damit die Legeleistung der Wachteln gewährleistet bleibt. Das zusätzliche Licht könnte als störend empfunden werden.

Verbesserung des Tierwohls in der Wohnung

Auch wenn Wachteln relativ anspruchslose Tiere sind, benötigen sie auch bei der Haltung auf dem Balkon oder in der Wohnung einen Auslauf, einen Platz zum Sandbaden und die Gelegenheit zum Scharren.

Ohne viel Aufwand können Wachteln ein aktives Leben führen, dazu reichen:

- ein Blumentopf, in dem Getreide, Gras oder Salat gezogen wird,
- ein Stück Rasen aus dem Garten oder
- ein Netz, in dem sich Grünpflanzen befinden.

Wie andere Haustiere – etwa Kaninchen oder Katzen – nehmen auch Wachteln ihre Umgebung aktiv wahr und reagieren auf Veränderungen. Sie reagieren auf neue Elemente in ihrer Umgebung mit Neugierde und erkunden diese sofort. Eine Redensart attestiert der Wachtel ohnehin eine gesteigerte Neugierde.

Ähnlich wie es bei der Wohnungshaltung „herkömmlicher" Haustiere ganz normal ist, dass diese integriert werden, so kann auch die Wachtel Teil der „Wohngemeinschaft" werden. Wachteln können sehr zutraulich werden, und unter guten Haltungsbedingungen erzeugt ihre Gegenwart keine unangenehmen Gerüche.

Allerdings scheitert ein freies Herumlaufen in der Wohnung an ihrem verhältnismäßig kurzen Darm. (In meinem Freilauf-Experiment schied eine Wachtel innerhalb von nur 2 Stunden 6 Kothäufchen aus!)

HALTUNG: GESETZLICHE VORAUSSETZUNGEN

Sowohl bei der Haltung auf einem Grundstück oder im Garten als auch in der Wohnung oder auf dem Balkon ist unbedingt auf das Tierwohl zu achten. Bei Verstößen kann das Tierschutzgesetz greifen und Halter können bestraft werden. Bei der Haltung in der Wohnung sind weitere gesetzliche Regelungen zu berücksichtigen:

Gesetzliche Regelung im Mietrecht

Das Halten von Tieren in Mietwohnungen unterliegt Regelungen, die entweder im Mietvertrag vereinbart oder vom Gesetzgeber verordnet wurden.

Zwischenzeitlich wurden zahlreiche Belange des Mietrechts zugunsten der Mieter verändert, sodass langjährige Mietverträge gegen geltendes Recht verstoßen.

Auszug aus dem Mietrecht in Deutschland

Eine aktuelle BGH-Rechtsprechung erlaubt folgenden Rückschluss: Der Vermieter darf nicht willkürlich seine Zustimmung zur Hunde- oder Katzenhaltung verweigern (BGH VIII ZR 168/12). Die Interessen der Nachbarn sind zu wahren. Kleintiere dürfen gehalten werden. Das AG München urteilte am 6. 7. 2004 (413 C 12648/04), dass ein Minischwein ein Kleintier ist. Hanau öffnete mit seinem Urteil vom 18. 2. 2000 (90 C 1294/99-90) der Haltung von Chinchillas eine Tür, und das LG Düsseldorf entschied 1993 (24 S 90/93), dass ein Yorkshire-Terrier ein Kleintier ist.

Unter die Kategorie Kleintiere fallen beispielsweise:

- Hamster
- Schildkröten
- Zierfische
- Ziervögel
- Zwergkaninchen
- Kaninchen

Die Rechtslage in Deutschland ist im Mietrecht also eindeutig: Grundsätzlich dürfen Kleintiere wie Hamster, Kaninchen und Meerschweinchen ohne Zustimmung des Vermieters gehalten werden. Auch Fische und Vögel gelten als Kleintiere.

Obwohl Wachteln (*Coturnix coturnix*) in die Ordnung der Hühnervögel fallen, so sind es letztendlich nur amselgroße Vögel, die nicht zu den Haustieren, sondern zu den Kleintieren zählen.

Deshalb kann jeder, der sich gern selbst mit frischen Eiern versorgen möchte, den kleinsten Hühnervogel Europas zu Hause halten, ohne dass das Einverständnis des Vermieters eingeholt werden muss. Da Wachteln auffällig geräuscharme Tiere sind, ist die Haltung auch in einer Mietwohnung problemlos möglich. Bei einer artgerechten Haltung in einem Wachtelquartier, wie es z. B. auf S. 57 zu sehen ist, stören die Wachteln weder die Nachbarn noch beschädigen sie die Wohnungssubstanz.

WICHTIG! Nur zur Selbstversorgung

Dieses Recht öffnet keinem Mieter die Tür zu einer gewerblichen Nutzung von Kleintieren. Diese kann – ebenso wie etwa eine Yorkshire-Terrier-Zucht oder das Halten von Bienen auf dem Balkon in eine außerordentliche fristlose Kündigung münden.

Auszug aus dem Mietrecht in Österreich

In Österreich gilt seit 2020 ein neues Urteil, das wie folgt zusammengefasst wird: Tierhaltungsverbote, die ohne jegliche Differenzierung (Tiere, Kleintiere) vereinbart werden, haben (auch in bereits geschlossenen Verträgen) keine Wirksamkeit.

Sollte die Differenzierung ausreichend sein, könnte eine Wirksamkeit bestehen und den Vermieter berechtigen, eine Klage auf Unterlassung der Tierhaltung einzubringen. Zu einer Kündigung kann das aber nur führen (selbst wenn die Tierhaltung ausdrücklich im Mietvertrag als Kündigungsgrund vereinbart wurde!), falls erhebliche Schäden an der Substanz des Hauses oder der Wohnung zu befürchten sind oder sich andere Bewohner des Hauses aufgrund konkreter Umstände schwerwiegend beeinträchtigt sähen oder sonstige gewichtige Gründe vorlägen.

Quelle: Mieterschutzverband.at

HINWEIS! Haftungsausschluss

Die hier angeführten Informationen ersetzen keine juristische Beratung.

Gesetzliche Regelung der Tierseuchenkasse

Innerhalb Europas und auch innerhalb der Bundesländer Deutschlands sind die Regelungen bezüglich der Tierhaltung recht unterschiedlich. Ob eine Meldepflicht besteht, klären Sie bitte bei der zuständigen Tierseuchenkasse, bei der sämtliche Tierhalter die Anzahl ihrer gehaltenen Tiere angeben müssen.

HINWEIS! Legebatterien

In den Ländern, in denen Wachteln verstärkt gewerblich gehalten werden (Spanien, Frankreich, Italien), hat sich die „Batteriehaltung“, analog der bekannten tierwohlverletzenden Batteriehaltung von Legehennen, etabliert. Mit dem Verbot der Käfighaltung von Legehennen, das in Deutschland bereits Anfang 2010 in Kraft trat, wird gegenwärtig über das Aus der tierfeindlichen Haltungsform auch für Wachteln diskutiert.

ARTGERECHTE UNTERBRINGUNG VON WACHTELN

Nach der Entscheidung zur Haltung von Wachteln ist der logische nächste Schritt, sich Gedanken über die Unterbringung der Tiere zu machen. Wie schon erwähnt, können die kleinen Hühnervögel auch in einem kleinen Garten oder gar in der Wohnung gehalten werden.

1. Optimal wäre natürlich ein großer, gut bewachsener Garten mit einem Schuppen oder einer Garage, wohin die Wachteln über Nacht gebracht werden können. Tagsüber können die kleinen Tiere sich in einem Auslauf mit genügend Bewuchs und Unterschlupfmöglichkeiten tummeln.
2. Aber auch ein kleiner Garten (ab ca. 100 m^2) oder ein Innenhof bietet genügend Platz für einen Auslauf (mit Wachtelhaus), wobei für 5 Wachteln mindestens von einer Größe von 2 x 1 x 1 Meter ausgegangen werden sollte.
3. Wachteln können jedoch auch auf dem Balkon oder der Terrasse gehalten werden, hier kommen große, stabile Käfige bzw. Volieren, wie sie beispielsweise als Volieren für Ziervögel üblich sind, zum Einsatz.
4. Und schließlich können die putzigen Wachteln sogar in der Wohnung gehalten werden, wo Käfige bzw. Volieren für den Innenbereich oder große Kartons als Quartiere dienen.

Je nachdem also, ob die Wachteln in der Wohnung, auf dem Balkon, der Terrasse oder im Garten gehalten werden, werden sich die Anforderungen an die Wachtelquartiere unterscheiden. Weiters hängt es davon ab, ob Sie die Unterkunft selber machen (siehe Anleitungen ab S. 50) oder kaufen wollen.

Im Handel werden zahlreiche „Unterkünfte“ für Geflügel angeboten. Jedoch ist für Wachteln nicht jede Unterkunft geeignet.

WORAN MAN DENKEN MUSS

Wachteln setzen sich nicht auf Stangen, sie steigen auch nicht Hühnerleitern empor, und einen kleinen Auslauf, der nicht begrünt ist, nehmen die kleinen Hühnervögel nicht an. Am liebsten hocken Wachteln relativ ruhig hinter grünen oder trockenen Zweigen oder baden im Sand oder in der Erde.

Einstreu

Die bevorzugten Habitate von frei lebende Wachteln sind vorwiegend unbebaute Landschaften, Wiesen, Weiden und Felder. Damit die Raubvögel die kleinsten Hühnervögel nicht einfach so entdecken können, verbergen sich die gefiederten Tiere unter Hecken oder in tiefem Gras.

Daher sollte auch die Einstreu im Wachtelquartier auf jeden Fall möglichst natürlich und frei von Chemikalien sein. Es eignen sich Heu, Stroh, trockenes Herbstlaub, Sand, Erde usw.

Warum Sand oder Erde zum Baden so wichtig sind bzw. welche weiteren Einstreu-Materialien unterschiedliche Nutzen erfüllen, wird im Folgenden beschrieben:

Sand und Erde: Die Wachteln benötigen Sand und Erde, weil sie in diesen Materialien die zur Verdauung erforderlichen kleinen Steine finden und diese ganz bewusst aufnehmen. Ohne diese Steine sind die Wachteln nicht in der Lage, Körnerfutter zu verdauen (siehe Ernährung).

Sägespäne: Diese sollten nicht als alleinige Einstreu verwendet werden, sondern am besten als „saugfähige" Unterlage dienen. Bei Sägespänen besteht grundsätzlich die Gefahr, dass die Wachteln Sägespäne anstelle von Steinchen aufnehmen und dadurch Körnerfutter nicht aufschließen (verdauen) können. Dadurch ist es durchaus realistisch, dass die kleinen Hühnervögel verhungern oder ein rapider Leistungsabfall (Eierproduktion) einsetzt, da die Futterverwertung nicht optimal erfolgen kann.

Moos ist ein Produkt der Natur – es bildet sich hartnäckig an feuchten Plätzen und an schattigen Orten. In unseren Breiten gedeiht in Wald und Feld und auch in der Stadt eine Moosart gleichermaßen. Es ist ein Polstermoos, welches botanisch *Grimmia pulvinata* heißt und das zu den Laubmoosen gehört. Die kompakten Mooskissen sind resistent und sind auch an Trockenzeiten hervorragend angepasst. Das Polstermoos ist im Garten unerwünscht, weil es beispielsweise den Rasen schädigt. Es muss entfernt werden. Anstatt es wegzuwerfen, kann das Moos getrocknet und als Einstreu im Wachtelquartier sowie als Futter verwendet werden und kostet keinen Cent.

Stroh bzw. Heu: Es dient den Hennen als Baumaterial für ihre Nester. Wenn die Schicht Heu bzw. Stroh dick genug ist, bauen sie kleine, runde Vertiefungen hinein. In eine solche Vertiefung legen dann mehrere Hennen ihre Eier. Hennen bessern während des Zeitraumes, den das Legen beansprucht, das Nest baulich aus. Sobald eine Henne das Nest benutzt, fängt sie an, die Heu bzw. Strohhalme, die sich in ihrer mittelbaren Umgebung befinden, aufzusammeln und damit ihren Körper zu bedecken. Sicherlich resultiert dieses

In einem derart „dekorierten“ Quartier mit reichlich Einstreu und Ästen fühlen sich Wachteln wohl!

Ein Nest im Heu wird von mehreren Hennen besucht, wobei die Hennen geduldig darauf warten, dass die legende Henne es verlässt. Nur wenn der Druck, das Ei zu legen, zu stark wird, setzt sich eine Henne neben das Nest, welches gerade besetzt ist, und legt dort ihr Ei ab.

Verhalten noch aus der Zeit, als die Wachtel ein Wildvogel war und sie sich auf diese Weise tarnte.

Belaubte Äste und Zweige: Äste und Zweige von ungiftigen Grünpflanzen und Sträuchern bzw. Bäumen können hervorragend zum Wohlbefinden der Wachteln beitragen, wenn ihre Quartiere damit ausgestattet werden. Dabei ist es unerheblich, ob diese grün oder trocken sind. Auch andere „Dekorationsbjekte", unter denen die Wachteln einen Unterschlupf finden, können das Quartier vervollkommnen. Beispielsweise kann ein einfacher Schuhkarton seitlich mit einer Öffnung versehen und mit dem Boden nach oben in das Quartier gestellt werden.

TIPP! Duftende Einstreu

Verschiedene Gartenpflanzen oder Wildkräuter riechen herrlich, nachdem sie getrocknet wurden. Besonders wohlriechend sind z. B. Lavendel, Waldmeister oder der gelbblühende und weißblühende Steinklee, um nur einige zu nennen. Werden diese getrockneten Pflanzen in kleinen Gaben in das Wachtelquartier gestreut, duftet es herrlich.

Tageslicht

Tageslicht ist für das Wohlergehen von Wachteln ein absolutes Muss. Das Tageslicht ist durch andere Lichtquellen leider nicht 100%ig ersetzbar. Vor allem bei der Wohnungshaltung ist es wichtig dafür zur sorgen, dass die Wachteln sich im Sonnenlicht tummeln können, weil auch sie auf diese Weise das lebensnotwendige Vitamin-D bilden.

HINWEIS: Legeleistung

Ausreichend Licht – optimalerweise 14–16 Stunden pro Tag – sind neben der Temperatur und dem Futter für die Legeleistung von entscheidender Bedeutung.

Unterschlupf

Werden Wachteln auf eine freie Fläche gesetzt, z. B. auf die Terrasse, auf eine Grasfläche im Garten, in den unbegrünten Innenhof, auf den Balkon, dann suchen die Vögel augenblicklich einen Unterschlupf, wo sie verharren. Dieses Verhalten bedeutet jedoch auf keinen Fall, dass die Vögel sich nicht tummeln, wenn sie dies können! Wenn Versteckmöglichkeiten vorhanden sind, erkunden Wachteln die Umgebung neugierig.

Meine legereifen Wachteln laufen frei auf meinem Hof herum, der jedoch von tiefhängenden Rosen (*rosa canina*) und anderen Pflanzen bestanden ist, die ihnen Schutz bieten, wenn Milane, Bussarde und andere hungrige Greifvögel über dem Grundstück kreisen. Vermutlich spielen bei dem oft beschriebenen „Fluchtverhalten" der Wachteln mangelhafte Haltungsbedingungen eine übergeordnete Rolle. Meine Wachteln sind zahm und sehr zutraulich.

Sicherheit

Während der Nacht droht Wachteln, die in einer Wohnung gehalten werden, keine Gefahr. Anders verhält es sich jedoch mit Wachteln, die auf einem Balkon, der in der ersten oder zweiten Etage liegt, oder auch auf einer Terrasse in einem Kartonquartier oder nicht ausreichend stabilen Käfig gehalten werden. Denn auch in Städten streifen nachts Marder, Ratten, Füchse,

Waschbären usw. auf Futtersuche durch die Straßen. Sind die Wachtelquartiere problemlos erreichbar und halten sie dem Angriff nicht stand, steht es schlecht um das Wohl der Wachteln, und die kleinen Vögel wären ein gefundenes Fressen. Am einfachsten ist natürlich, das Quartier über Nacht in einen geschützten Raum zu bringen. Wer diese Möglichkeit nicht hat und nicht ständig Sorge um seine Wachteln haben möchten, sollte eine sichere Unterkunft errichten und dabei bedenken, wie man die Krafteinwirkung der Feinde auf das Quartier reduzieren kann (siehe z. B. Beschreibung und Foto für ein Wachtelquartier draußen auf S. 72).

TIPP! Sicherheit für Ihre Wachteln

Schätzen Sie vor dem Erwerb ab, ob Sie verstärkte Vorkehrungen zur Sicherheit der Wachteln betreiben müssen. Der Handel bietet Hölzer, Metalle, Drähte und Gitter in unterschiedlichsten Maßen und Stärken an, mit denen man stabile Unterkünfte bauen bzw. zu schwache verstärken kann.

Dasselbe gilt für Wachteln, die in der Voliere oder in einem Auslauf im Garten gehalten werden: Die Tiere müssen vor einem Angriff der oben genannten Raubtiere geschützt werden. Aber auch Krähen, Elstern, Sperber, Falken, Bussarde und Milane sind potenziell gefährlich. Selbst Katzen oder der eigene Hund können eine Gefahr darstellen!

Werden in Ställen, Garagen oder Schuppen gehaltene Wachteln tagsüber in den Garten in die Außenvoliere gebracht, schadet es nicht, oft nach den Tieren zu sehen. Auch wenn früher nie Katzen im Garten zu sehen waren, könnten die Laute der Wachteln sie nun magisch anziehen. Aber auch andere Tiere, beispielsweise Elstern und Krähen, interessieren sich für die Neuankömmlinge. Ihr Erscheinen kann bei den Wachteln Panik verursachen, und sie könnten sich bei ihren Fluchtversuchen verletzen.

Wachtel in einem Kohlrabi-Beet. Das große Problem mit der frei laufenden Wachtel ist nicht, dass sie davonfliegt, sondern vielmehr, dass sie sich prompt versteckt. Und da sie dem Haushuhn im Verhalten nicht besonders ähnlich ist, kehrt sie folglich am Abend auch nicht von sich aus in ihren Stall zurück. Man muss sie suchen, einfangen und zurück in den Käfig bringen.

TIPP! Vorsicht ist besser als Nachsicht

Versuchen Sie, mögliche „Störenfriede“ zu entdecken und zu vertreiben, bevor Sie die Wachteln in die Voliere oder in den Auslauf setzen.

Einfache Möglichkeit, Raubtiere zu verjagen

Ratten, Füchse und Marder müssen nicht mit todbringenden Fallen oder Giftködern bekämpft werden, um zu verhindern, dass sie sich Wachteln oder anderes Geflügel holen. Denn durch Fallen oder Giftköder besteht auch immer Gefahr für die Hühnervögel! Außerdem gibt es eine ganz einfache und erfolgversprechende Methode, Raubtiere zu vergraulen, die leider in Vergessenheit geraten ist: Wird im Wachtelquartier bzw. im Geflügelstall ein Perlhuhn gehalten – es schreit bei Gefahr – ergreifen Ratten, Füchse und Marder unverrichteter Dinge die Flucht, weil sie diese Schreihälse als gefährlich einstufen.

DIE HALTUNG IM WINTER

Wachteln sind grundsätzlich Zugvögel. Die in der freien Natur lebenden Verwandten unserer „Haustier-Wachteln“ flogen bis nach Afrika, um dort zu überwintern. Trotzdem sind die kleinen Hühnervögel, die in unseren klimatischen Breiten gehalten werden, absolut keine Sensibelchen.

Wachteln im Außenbereich

Wie die meisten Tiere passen sich auch Wachteln an die gegebenen klimatischen Verhältnisse an. Allerdings sind sie „Gewohnheitstiere“ – je nach Haltungsmethode sind die Tiere abgehärtet oder verweichlicht. Bei Tieren, die aus trockener, warmer Haltung stammen, sollte dies kontinuierlich gewährleistet werden.

Wachteln, die im Freien gehalten werden, sind an den Wechsel der Witterungsverhältnisse angepasst. Sie können bei Minusgraden im Freien überwintern – allerdings ist wichtig, dass die Unterkunft möglichst trocken gehalten werden kann. Daher sollte die Voliere ein Dach haben (siehe S. 76), der Boden sollte mit einer dicken Lage Heu und oder Stroh bedeckt sein. Außerdem muss im Winter dafür gesorgt werden, dass das Trinkwasser nicht einfriert.

Aus eigener Erfahrung heraus bin ich dazu übergegangen, meine Wachteln in einem ungeheizten, hellen, aber nicht frostfreien Raum zu überwintern. Der Winter im Jahr 2020/2021 war wirklich rekordverdächtig kalt – sogar meine Japanische Aukube (Akuba Japonica) und die stattlichen Kirschlorbeersträucher in der Nachbarschaft wurden durch die eisige Kälte erheblich in Mitleidenschaft gezogen. Dennoch musste ich im recht kalten Wachtelquartier keinen Verlust verzeichnen.

Ein paar Regeln sollten bei der Überwinterung in ungeheizten Räumen bzw. im Freien bedacht werden:

- eine dicke Lage trockener Einstreu sollte von unten Schutz bieten
- eisige Winde sollten durch trockene Zweige, Strohmatten oder durch das Anbringen von Brettern abgeblockt werden
- mehrmals täglich Trinkwasser anbieten oder einen Trinkwasser-Erwärmer benutzen (im Fachhandel erhältlich)
- geschützte Rückzugsorte schaffen

Problem Schnee

Schnee ist auch für andere Geflügelarten ein Problem, weil das Risiko besteht, dass sie schneeblind werden könnten (weil die Sonnenstrahlen sich auf den Eiskristallen, brechen, diese kurzwellige UV-B-Strahlung wird reflektiert und blendet die Tiere, was die äußere Hornhaut schädigen kann).

Wachteln sollten daher bei Schnee nicht ins Freie gelassen werden und schon gar nicht, wenn die Sonne scheint. Wichtig ist es auch, Schneeverwehungen in der Voliere oder im Auslauf zu entfernen.

„Wohnungwachteln"

Bei der Haltung von Wachteln in der Wohnung ändert sich im Winter nichts, mit der Ausnahme, dass die Legeleistung aussetzt. Die Wachteln machen quasi Urlaub. Da diese Haltungsform keinen Kälteeinbruch beinhaltet, werden die Minihühner in gewohnter Weise versorgt. Obst und Gemüse kann weiterhin zur Verfügung gestellt werden und frisches Wasser ist sowieso selbstverständlich.

Auch im tiefsten Winter verhalten sich die Wachteln aktiv. Grünfutter und frischer Sand zum Scharren vertreiben die Langeweile.

SELBST GEBAUTE WACHTELUNTERKÜNFTE

Man muss kein Handwerker-Profi sein, um einfache und dennoch stabile und sichere Wachtelquartiere selbst zu bauen. Je nachdem, ob die Tiere in der Wohnung oder im Freien gehalten werden, gibt es verschiedene Möglichkeiten.

Das Angebot an Materialien ist riesig. Damit lassen sich die unterschiedlichsten Bedürfnisse an das Quartier erfüllen, egal für welchen Standort es gedacht ist.

Gekaufte Materialien	Kostenlose Materialien
Glasfolie	Holzmöbel vom Sperrmüll
Plexiglas	Totholz aus dem Garten
Draht	Materialien zur Umverwendung
Netz	Steine
Bauholz	Farbreste (vom Bauhof der Stadt)
Fototapete	alte Kartons/Schachteln
Scharniere, Nägel etc.	Schrauben, Scharniere

Oft können gekaufte und kostenlose Materialien kombiniert werden, was nicht nur die persönliche Kreativität steigert, sondern auch der Umwelt nützt.

Welches Quartier für welche Haltung

Unterkunft	Wohnung	Balkon/ Terrasse	Garten	Gartenschuppen/ Garage/Stall
Kartonunterkunft	X			X
leichte Materialien wie Sperrholz	X			X
ausrangierte Möbel	X	X	X	X
einfache Gehege	X			X

Unterkunft	Wohnung	Balkon/ Terrasse	Garten	Gartenschuppen/ Garage/Stall
stabile Käfige (Volieren für den Innenbereich)	X	X		X
Volieren (bzw. „Vogelhäuser“) für den Außenbereich			X	
„Wachtelhäuser“		X	X	

QUARTIERE FÜR DIE HALTUNG IN DER WOHNUNG

Die Quartiere, in denen Wachteln in der Wohnung gehalten werden können, ähneln im Grunde den üblichen im Fachhandel angebotenen Käfigen und Boxen, in denen meist „normale“ Kleintiere wie Meerschweinchen oder Kaninchen leben. Diese Quartiere sind im Fachhandel – auch online – erhältlich und problemlos zusammenzubauen oder aufzustellen. Der Vorteil gekaufter Käfige ist, dass sie sofort einsatzbereit sind, allerdings sind sie weit teurer als selbst gemachte Quartiere.

Ideen und Anleitungen zum Selbermachen

An das Wachtelquartier, das in einem geschützten Raum steht (also in der Wohnung, in einem sicheren Schuppen oder in einer Garage), werden aus baulicher Sicht nur wenige Anforderungen gestellt. Bedenkt man, dass Wachteln sehr leicht sind (Legewachteln wiegen in etwa 200 g, Mastwachteln können 500 g erreichen), können „leichte“ Materialien für den Bau von Wohnungsquartieren zum Einsatz kommen. Wachteln benötigen auch keine mehrstöckigen Quartiere, da sie in der Regel nicht gerne klettern. Wachteln halten sich am liebsten auf dem Boden auf.

Quartiere aus Karton

Als ich mich intensiv mit dem Problem des Klimawandels und der auslösenden Elemente auseinandergesetzt habe – auch mit dem Irrsinn, Lebensmittel und viele andere, noch brauchbare Dinge achtlos wegzuwerfen –, schien mir die Haltung von Wachteln eine gute Möglichkeit, auf diese Weise einen Beitrag in Richtung Nachhaltigkeit leisten zu können. Und weil die Wachtelhaltung auch in der Wohnung möglich ist, könnte eigentlich jeder dazu beitragen. Für Wohnungsquartiere experimentierte ich mit

Wachteln sind zarte, ausgesprochen ruhige Tiere, die weder Hörner noch Zähne besitzen, um damit ihre Quartiere zu demolieren. Ihr kleiner Schnabel kann selbst Karton nichts anhaben.

verschiedenen Materialien, und siehe da: Ganz normaler Pappkarton ist der Schlüssel zum Erfolg. Denn in der Wohnung (bzw. im Schuppen oder der Garage) ist selbst ein „Käfig" aus starkem Karton stabil genug. Mit ein wenig Geschick kann ein großer Karton zu einer passablen und preiswerten Unterkunft umgearbeitet werden. Dabei ist lediglich zu beachten, dass die Wachteln ständig Frischluft atmen können und ausreichend Tageslicht zu ihnen durchdringt.

HINWEIS! Nachhaltig bauen

Immer wieder fällt großes Verpackungsmaterial aus Pappe als Abfall an. Dieses Material zu verwenden bietet sich an und ist absolut nachhaltig und preisgünstig, außerdem braucht man kaum „Werkzeug" dazu.

Wenig Aufwand, geringer Preis

Um ein Wachtelquartier aus einem Karton oder Pappkarton zu bauen, bedarf es lediglich geringer handwerklicher Fähigkeiten. Der Arbeitsaufwand richtet sich nach den Vorstellungen, ebenso verhält es sich mit dem Material. Je nach handwerklichem Geschick und Aufwand sind ungefähr 1–3 Stunden Arbeit erforderlich. Die Anschaffungskosten sind gering, weil Verpackungsmaterial aus Pappkarton, das ansonsten zum Papiermüll wandert, verwendet werden kann. Selbst wenn man einen Umzugskarton kauft, beläuft sich der Preis hier auf unter 5 Euro pro Stück.

Materialien zum Bau einer Wachtelunterkunft für die Wohnung

- Werkzeug: Schere, Cutter (Stanley-Messer), Winkel, Pinsel, Tapezierbürste, Schraubenzwinge
- großer Karton (mindestens 50 x 70 x 50 cm für 3 Wachteln)
- Tapetenkleister
- eine saubere, glatte Holzleiste zum Fixieren
- Acryl- oder Ölfarbe
- Papier oder Tapete
- etwas stärkere Pappe zum Verstärken des Bodens
- Folie, Linoleum oder Wachstuch, um den Boden vor Schmutz und Feuchtigkeit zu schützen
- Kleber (Heißklebepistole), Silikon, Sekundenkleber etc.
- durchsichtige Folie (Verglasungsfolie), Plexiglas oder Acrylglas für das bzw. die Fenster

Gerade seit Corona fallen wegen der massenhaften Online-Bestellungen unglaublich viele Kartons an! Diese werden häufig sogar auf der Straße „entsorgt".

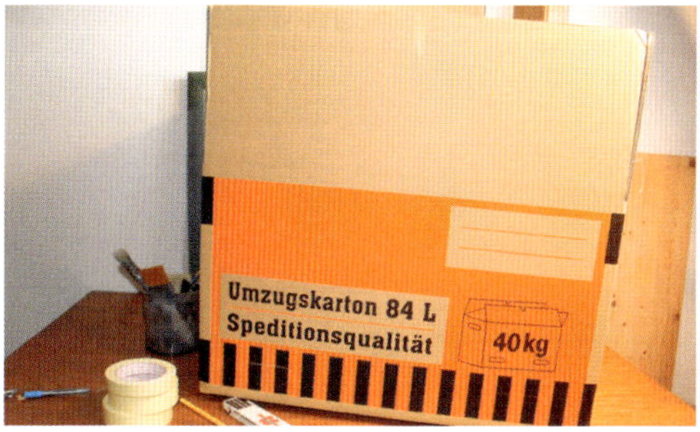

So wird's gemacht

1. Der Karton muss verstärkt werden, um ihn möglichst lange nutzen zu können. Dafür braucht man Tapetenkleister. Zunächst also den Kleister anrühren und vor Gebrauch eine Weile quellen lassen, weil er dadurch optimal klebende Eigenschaften entwickelt.
2. Danach den Karton verstärken: Hierfür die Deckelteile, mit denen der Karton verschlossen wird (meistens 4 Stück) nach außen klappen. Dann jeweils die Hälfte davon mit einer Schere oder einem Cutter abschneiden (am besten dazu einen Winkel verwenden, damit es es garantiert gerade wird).
3. Die gekürzten Deckelelemente werden außen am Karton mit Tapetenkleister angeleimt. Sie verleihen dem Karton im oberen Bereich Stabilität.
4. Die abgetrennten Kartonstreifen werden unten an den Karton geklebt. Dabei ist akkurat zu arbeiten, damit der Karton seine Form und seine Standfestigkeit beibehält.
5. Mithilfe einer Leiste und Schraubzwingen kann man (wie auf dem Foto unten ersichtlich) die halbierten Deckel nacheinander am Karton fixieren und sie dadurch optimal anpressen (Achtung: die Zwingen nicht zu fest anziehen, sonst könnte der Karton beschädigt werden).
6. Sobald alle Deckelelemente fest mit dem Karton verleimt wurden und der Kleber getrocknet ist, kann das Fenster in der Mitte aus einer der Längsseiten des Kartons ausgeschnitten werden. Dieser Ausschnitt ergibt das Sichtfenster, durch welches man die Wachteln beobachten kann und durch welches auch Licht in das Quartier einfällt.

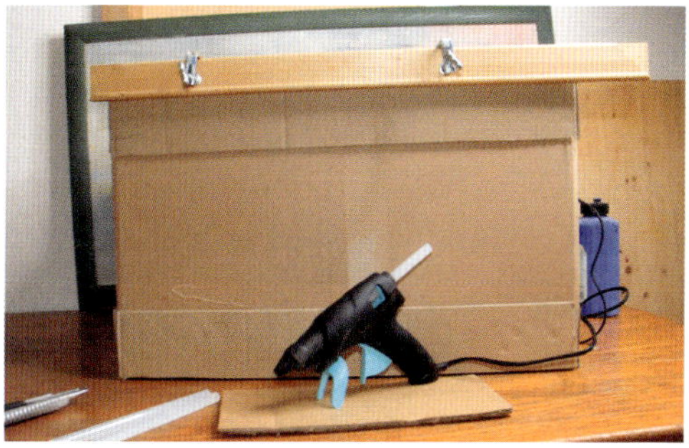

Am besten eignet sich für diese Arbeit ein Cutter. Wird ein Brett unter die Schnittfläche gelegt, kann man besser schneiden und der Karton reißt nicht ein oder wird eingedrückt. Eventuell entstehende Unebenheiten lassen sich danach problemlos mit einer Schere entfernen.

7. Nun den Karton nach eigenen Vorstellungen verschönern (entweder mit Farbe anstreichen oder bemalen oder mit Tapete oder Papier (z. B. Geschenkpapier) bekleben.
8. Soll der Karton beklebt werden, dann beim Zuschneiden darauf achten, dass das aufzuklebende Material größer ist als die Flächen des Kartons, denn um saubere Abschlüsse zu erhalten, wird das Papier bzw. die Tapete über die Kanten darübergeklebt (einige Zentimeter oben und unten und auch bei den seitlichen Kanten wird überlappt).
9. Damit das Papier bzw. die Tapete gut am Karton klebt und sich nicht nach kurzer Zeit wieder löst, sollte der Karton wie beim Tapezieren einer Wand mit sehr saugfähiger Tapete „vorgeleimt" werden und nach dem Verstreichen einer kurzen Zeitspanne schließlich mit der eingekleisterten Tapete beklebt werden. Das gilt auch für einen etwa 2 cm breiten Rand innen im Karton (um den Ausschnitt des Fensters herum bzw. oben), damit das Papier bzw. die Tapete, wie oben erwähnt, von außen nach innen um die Kanten herum in den Karton geklebt werden kann.
10. Die mit Leim eingestrichene Tapete bzw. das Papier auf dem Karton platzieren und mit der Tapezierbürste glatt streichen, dabei mit den Borsten der Bürste gegen die Tapete klopfen und von oben nach unten streichen. Sollte dabei die eine oder andere Luftblase entstehen, ist dies kein Problem – entstehende Luftblasen werden mit einer Nadel eingestochen (damit die Luft entweichen kann) und vorsichtig angedrückt.

11. Wollen Sie oder Ihre Kinder bzw. Enkelkinder den Karton nicht mit Tapete bekleben, sondern ihn bunt anmalen, lassen Sie Ihrer Kreativität freien Lauf. Der Karton kann auch innen angemalt werden!
12. Danach den Boden stabilisieren, dazu ein Stück (möglichst etwas stärkere) Pappe genau in Größe des Kartonbodens zuschneiden und in den Karton legen.
13. Den Boden mit wasserundurchlässiger, abwischbarer Folie, mit Linoleum oder einem Wachstuch bedecken, die den Boden vor Feuchtigkeit und Schmutz schützt.
14. Nun das Sichtfenster einkleben: Das durchsichtige Material (Achtung: es muss etwas größer als der Ausschnitt sein!) von innen vor den ausgeschnittenen Fensterbereich kleben. Wird z. B. Silikon zum Kleben verwendet, sind die entstehenden Verbindungen druckfest und weisen eine hohe UV-, Witterungs-

und Altersbeständigkeit auf. Außerdem ist Silikon geruchsneutral. Auch Heißkleber kann ruhigen Gewissens verwendet werden, da die Wachteln die Verklebung später nicht großartig belasten werden. Der Sekundenkleber weist einen starken Lösungsmittelgeruch auf. Wird dieser Kleber verwendet, sollte das Wachtelquartier vor dem „Einzug" der Tiere an der frischen Luft auslüften.

15. Der Karton kann, sobald er restlos ausgetrocknet ist, für den Einzug der Wachteln vorbereitet und mit Stroh, Sand usw. ausgestattet werden (siehe S. 42 und 43). In einem Karton wie diesem (50 x 70 x 50 cm) haben 3 Wachteln, deren Tagesration an Futtermitteln und Trinkwasser, ein Topf mit selbst gezogenem Grün, das den Tieren als Nahrungsangebot gereicht wird, sowie ein paar belaubte Zweige Platz.
16. Sobald die Wachteln ihr Quartier bezogen haben, ist über eine Abdeckung nachzudenken. In der Regel sind die Wachteln sehr ruhig und flüchten nicht aus dem Quartier. Sollte es jedoch andere tierische Mitbewohner geben, könnte durchaus ein Fluchtreflex einsetzen. In diesem Fall aus 2 mm starkem Draht und einem leeren, handelsüblichen Kartoffelsack eine Abdeckung bauen: Hierfür 2 Stück Draht rechts und links der Länge nach durch die Maschen des Kartoffelsacks fädeln und das „Dach" einfach oben auflegen. Oder einfach 2 Bretter (Rauspund) auf den Karton legen, damit die Wachteln nicht herausfliegen können. Man sollte immer daran denken, dass die Eier bei dieser Haltungsform regelmäßig eingesammelt werden sollten, damit sie nicht verschmutzen.

TIPP! „Fertige" Einstreu

Das Wachtelquartier soll eine für die kleinen Vögel optimale Einstreu haben. Im Handel gibt es spezielle Einstreu für die Wohnungshaltung, die kaum staubt.

Natürlich muss auch bei einem Kartonquartier dafür gesorgt werden, dass sich die Wachteln ausreichend bewegen können. Dies wird auf sehr einfache Weise durch die Verwendung mehrerer Kartons, die problemlos miteinander verbunden werden können, ermöglicht: Hierfür je nach Platzangebot einen oder mehrere weitere Kartons auswählen, die einander in der Höhe ähnlich sind, weil das optisch einfach besser aussieht. Seitlich in die Kartons Durchgänge schneiden, diese miteinander verbinden. Zum Verbinden eignen sich kleine Schraubzwingen, die man sehr preisgünstig im Baufachhandel erwerben kann. Der Vorteil dieser Befestigung besteht darin, dass man die Kartons sehr einfach wieder trennen und auswechseln kann. Mitunter reicht jedoch ein schwererer Gegenstand (wie etwa ein Stein oder ein Gefäß mit Trinkwasser) aus, um einen Karton zu beschweren, damit er nicht mehr verrutschen kann. Es ist durchaus auch möglich, die Kartons zu verkleben. Jedoch hat diese Methode den Nachteil, dass man die Kartons im Falle einer Beschädigung nicht einfach austauschen kann. Auch wenn ein findiger Heimwerker sicherlich weitere Methoden anwenden kann, spricht die relativ kurze Haltbarkeitsdauer der Kartons gegen aufwendige und teure Lösungen.

Ein Quartier aus Karton ist zwar vorrangig für die Wohnungshaltung oder für die Unterbringung in einem hellen Schuppen oder in einer luftigen Garage geeignet, jedoch können die Wachteln in ihrer einfachen und noch dazu leichten Unterkunft tagsüber (ausschließlich bei schönem Wetter!) auf den Balkon gestellt werden. Achtung: Feuchte Witterung, Nebel oder Niederschlag würden den Karton binnen kurzer Zeit aufweichen! Um dies zu verhindern, kann man sämtliche Seiten des Kartons mit einer feuchtigkeitsabweisenden Legierung (Acryl) bestreichen oder man beklebt den Karton mit einer Tapete, die in Feuchträumen verwendet wird. Eine weitere Möglichkeit ist die Verwendung einer Folie, mit der man den Karton umwickelt. Selbstredend weicht der Boden des Kartons bei Nässe und Feuchtigkeit sofort auf, wenn dieser darin steht, darum sollte man darauf achten, dass sich keine Nässe auf dem Boden staut, auf dem der Karton steht.

Quartiere aus ausrangierten Möbeln

Aus alten Möbeln, die sonst auf dem Sperrmüll landen würden, lassen sich auf einfache Weise kostengünstige und praktikable Wachtelunterkünfte bauen! Werden nicht mehr gebrauchte Möbel in Wachtelquartiere umgebaut, ist wie bei den Kartonunterkünften daran zu denken, dass genügend Tageslicht in das Quartier fällt.

Hervorragend eignen sich Kommoden, Holztische mit langen Beinen, Gitterbetten, Schränke, Schubkästen, Regale, Fenster etc.

Alter Tisch

Bauanleitung: Tisch in Wachtel-Quartier umwandeln

1. Den Tisch auf die Tischplatte drehen. Zwei der Tischbeine jeweils um rund 10 cm kürzen.

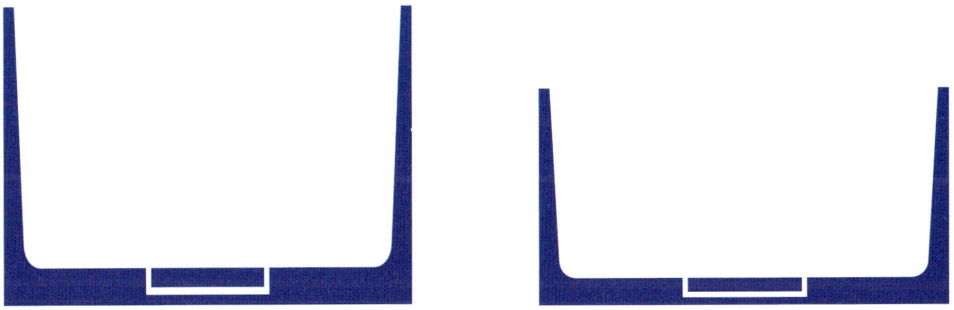

2. Jeweils ein langes und ein kurzes Tischbein mit einer Latte verbinden (annageln oder anschrauben), sodass ein Gefälle entsteht. Auf diesen Latten anschließend die Dachbretter befestigen.
3. Den Abstand der Tischkante zur Tischplatte ebenfalls mit Brettern verschließen, diese Bretter ergeben den Boden. Vor dem Verschließen kann Dämmmaterial (wie z. B. Glaswolle gegen Schädlinge) eingezogen werden.
4. Als nächstes an die Tischbeine (sowohl von innen als auch von außen) auf drei Seiten Bretter anbringen. Nach Abschluss dieser Arbeiten ergibt das eine viereckige, auf einer Seite offene Kiste, die ein Dach mit einem Gefälle aufweist.

Die offene Seite wird zum Einbau der Tür verwendet.

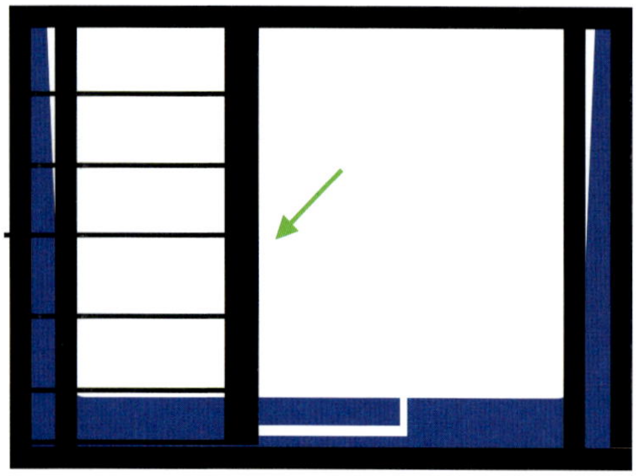

5. Der grüne Pfeil weist zur einer stabilen, eingezogenen Latte. Sie dient zum Befestigen der Bretter und zum Anschlagen der Tür. Die Latte wird eingepasst und sorgfältig befestigt. Die linke Fläche wird von innen und außen mit Brettern verschlossen.

Die schwarzen Linien stellen die Latten und die Verbretterung des Tisches insgesamt dar. Der entstandene Hohlraum zwischen den Brettern innen und außen isoliert und schützt somit vor einem Hitzestau oder vor zu starker Frosteinwirkung.

Gitterbett

Der Bau einer Wachtelunterkunft kann für Kinder zum einmaligen Erlebnis werden, besonders wenn dafür ein Möbelstück aus dem Kinderzimmer, das nicht mehr ebraucht wird, zur Unterkunft umfunktioniert wird!

TIPP! Lassen Sie die Kinder entscheiden, wie das Wachtelquartier ausschauen soll

Zum Beispiel lässt sich ein Gitterbett auf einfachste Weise mit preiswerten und leicht zu verarbeitenden Materialien zu einer Wachtel-Unterkunft umbauen – man braucht eigentlich nur mehr

- ein Netz, das rund um die Gitterstäbe befestigt wird,
- einen Einlegeboden (z. B. aus Sperrholz, mit Linoleum oder Folie überzogen)
- und ein Gitter oder Netz als Abdeckung

Auch eine Verglasungsfolie kann ganz bequem um die Gitterstäbe herum angebracht werden. Dies hat im Vergleich zum Netz den Vorteil, dass weniger Schmutz aus dem Wachtelquartier staubt und man die Wachteln dennoch bei ihren Aktivitäten beobachten kann.

Altes Metallregal

Aus den Böden eines Metallregals vom Sperrmüll und einem ausrangierten Fenster als Boden wurde dieses schöne Wachtelquartier, das auf dem Foto auf S. 57 zu sehen ist, errichtet. Lediglich die Verglasungsfolie (Klarsichtfolienstreifen) musste hinzugekauft werden. Diese ist jedoch im Verhältnis zu anderen Materialien preiswert. Die Größe des Quartiers wurde an das Mobiliar und die baulichen Eigenschaften des Raumes angepasst. Der Arbeitsaufwand ist sehr gering, selbst handwerklich unbegabte Personen können ein solches Quartier errichten. Die Anschaffungskosten belaufen sich auf unter 20 Euro.

Benötigtes Werkzeug und Materialien

- Schraubenzieher, Hammer, Zange, Säge, Nägel bzw. Schrauben, Zollstock, Winkel
- 4 Metallregalböden (in diesem Fall: 37 x 78 cm)
- 1 altes Holzfenster* in der entsprechenden Größe
- 2 zum Fenstermaß passende Vierkanthölzer (eines so lang, eines so breit wie das Fenster)
- Krampen (auch „U-Nägel" genannt)
- 4–6 handelsübliche Metallwinkel
- Bretter (Größe und Anzahl dem Fenstermaß entsprechend)
- Nägel und Schrauben
- Kabelbinder
- Klarsichtfolienstreifen (Verglasungsfolie) zum Anbringen an den Regalböden unten (25 cm hoch) aus dem Baumarkt

* Alte Fenster, besonders wenn es sich dabei um Holzfenster handelt, eignen sich perfekt als Boden für Wachtelquartiere (außer Sie haben kleine Kinder oder einen Hund in der Wohnung, dann sollten Sie aus Sicherheitsgründen einen anderen Unterbau wählen; hier bieten sich Spanplatten oder Hohlkammerplatten aus Polycarbonat an; letztgenannte sind relativ preiswert, leicht zu verarbeiten und weisen wenig Eigengewicht auf). Alte Fenster bekommt man in Schreinereien, die froh sind, wenn jemand sie braucht, weil sie ansonsten für die Entsorgung bezahlen müssen. Die Auswahl an alten Fenstern ist enorm groß, sodass Sie schnell eine für ihr zukünftiges Wachtelquartier passende Größe finden werden. Nicht nur vor dem Hintergrund der Nachhaltigkeit sind derartige Fenster zum Wegwerfen viel zu schade, auch finanziell lohnt sich die Verwendung. Übrigens können diese Fenster auch als Untergrund für die Errichtung anderer Kleintier-Quartiere verwendet werden oder sogar zum Bau eines Gewächshauses.

So wird's gemacht

Nachdem ich den Eigentümer des Sperrmülls gefragt hatte, waren die vier Regalböden (jeweils 37 x 78 cm groß) schnell mit einem Schraubenzieher abmontiert. Die Größe des Quartiers wurde an die baulichen Eigenschaften des Raumes angepasst.

1. Wie auf dem Foto zu sehen ist, steht das Quartier in einem Eck, es gibt also zwei vorhandene, holzvertäfelte Seitenwände. Das Fenster (der Boden des Quartiers) wurde in das Eck gelegt. Für die vordere Längsseite des Quartiers wurden 3 Regalböden mit Kabelbindern verbun-

Eine einfache und kostengünstige Unterkunft selbst zu bauen, setzt nur geringe handwerkliche Fähigkeiten voraus. Man kann sie optimal an den vorhandenen bzw. vorgesehenen Platz in der Wohnung anpassen.

den und mit Krampen am längeren Vierkantholz befestigt.

2. Der vierte Regalboden wurde am kürzeren Vierkantholz befestigt, er wird später zur Tür des Quartiers.
3. Damit die Konstruktion ausreichend stabil wird und um später die aus 3 Regalböden + Vierkantholz bestehende Längsseite des Quartiers mit dem Rahmen des Fensters verbinden zu können, wurden Metallwinkel am Vierkantholz angeschraubt.
4. Um die Regal-Vierkantholz-Längsseite mit der holzvertäfelten Seitenwand des Ecks, in das die Wachtelunterkunft gebaut wurde, zu verbinden, wurden im Abstand von 20 cm 3 entsprechend große Schrauben in senkrechtem Verlauf in die Seitenwand geschraubt (es können auch Nägel verwendet werden), die Vierkantholz-Regalboden-Längsseite wurde dort einfach nur eingehängt.
5. Die am Vierkantholz der Längsseite befestigten Metallwinkel wurden an den Fensterrahmen geschraubt.
6. Die vorbereitete Regal-Vierkantholz-Tür wurde mithilfe von Scharnieren an der bestehenden Holzwand befestigt.
7. Da etwas stärkere Metallstäbe eine Art erhöhten Rahmen rund um die

schwächeren Metallstäbe der Regalböden bildeten, konnte durch diese Schlitze im unteren Bereich die stabile Verglasungsfolie geschoben werden, sodass kaum Schmutz aus dem Wachtelquartier fallen kann.

8. Der weiße Fensterrahmen des Holzfensters, auf dem das Vierkantholz mitsamt den Regalböden wie ein Zaunfeld steht, wird ganz zum Schluss nach eigenen Wünschen verkleidet. Hierfür können z. B. Fußbodenleisten oder naturnahe Fliesenelemente verwendet werden.

TIPP! Trick zum Einsammeln der Eier

Dieses Quartier kann man nicht betreten, weil der Boden ja aus Glas ist. Daher empfiehlt sich die Anschaffung eines Keschers, wie er in zoologischen Fachgeschäften erhältlich ist, zum Einsammeln der Eier.

Eine Unterkunft aus ausrangierten Möbeln kann bei entsprechend stabiler Ausführung und Abdeckung durchaus auch auf dem Balkon, der Terrasse, im Schuppen/Garage oder sogar im Garten aufgestellt werden.

Wachtelunterkunft aus „leichten" Materialien für die Wohnung

Bei der Wohnungshaltung besteht keine Gefahr für die Wachteln. Daher müssen keine teuren Materialien eingesetzt werden, die bei der Haltung im Freien notwendig sind, um den Wachteln in ihren Unterkünften optimalen Schutz vor Raubtieren und Greifvögeln zu bieten.

Anstelle von stabilen Drahtgittern können Plastiknetze verwendet werden. Für das „Gerüst" reichen anstelle von teuren Baumaterialien wie Holz und Metall auch Sperrholz oder stabile Kartonagen. Als Abdeckung wird ein leichtes Material, wie etwa ein handelsübliches Gitter oder ein Lattenkonstrukt verwendet. Natürlich kann die Abdeckung auch aus Karton hergestellt werden, wichtig ist, dass den Wachteln ausreichend Tageslicht zur Verfügung steht. Pralle Sonne ist jedoch grundsätzlich zu vermeiden!

HINWEIS! Das Gerüst ist das Wichtigste

Jede quadratische oder rechteckige Unterkunft besteht aus

- 8 Ecken,
- 12 Leisten
- 4 Feldern
- 1 Bodenplatte
- 1 Deckel zum Öffnen

Benötigte Materialien zum Bau eines „leichten" Wachtelquartiers

- dünne Holzlatten, -leisten oder -bretter
- Drahtgitter oder Plastiknetz
- Rollen (falls der Käfig verschoben werden soll)
- Bodenplatte je nach eigenen Wünschen bzw. vorhandenen Materialien
- Versiegelungsmaterial für die Bodenplatte (z. B.: Reststück PVC-Belag, Wachstuch, Anstrich mit wasserabweisender Farbe)
- Glas bzw. Plexiglas
- Nägel und/oder Schrauben
- Krampen (auch oder „U-Nägel", in Österreich „U-Hakerl" genannt)
- Kleber oder Holzleim
- eventuell Farben

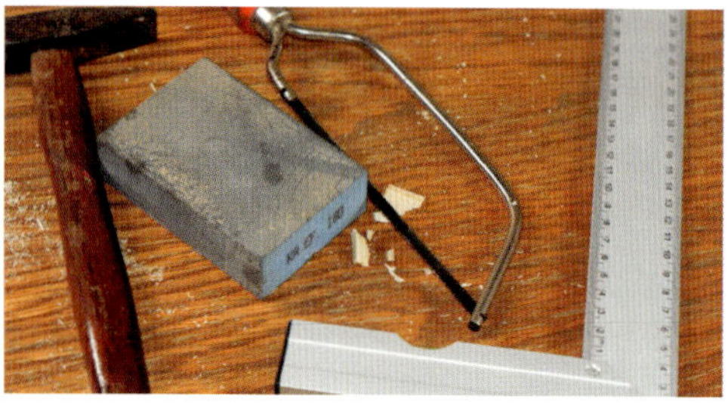

Benötigtes Werkzeug

- Winkel
- Hammer
- Säge
- Stemmeisen oder scharfes Messer
- Akkuschrauber
- Tacker (Heftgerät)
- Cutter (Stanley-Messer)
- Schere
- Pinsel

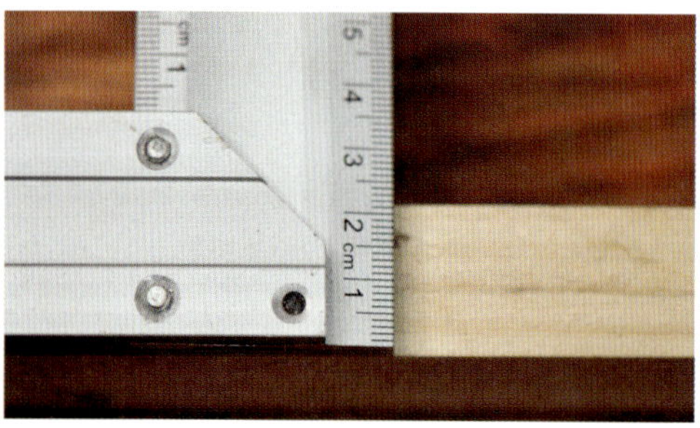

Wie auf den Fotos ersichtlich, ist die verwendete Latte etwa 5 cm breit und gut 2 cm hoch. Diese muss nun vorbereitet werden (siehe Skizze und Punkt 2).

So wird's gemacht: Eckverbindungen

Es sind keine herausragenden handwerklichen Fähigkeiten zum Bau einer Wachtelunterkunft aus leichtem Material nötig. Bereits Kinder ab 10 Jahren können fleißig mithelfen. Ein Konstrukt aus wenigen Materialien zu errichten, ist sehr einfach. Die folgenden Bilder sollen als Anregung dienen.

Zunächst wird ein quadratischer oder rechteckiger Rahmen aus Holzleisten oder -latten zusammengebaut.

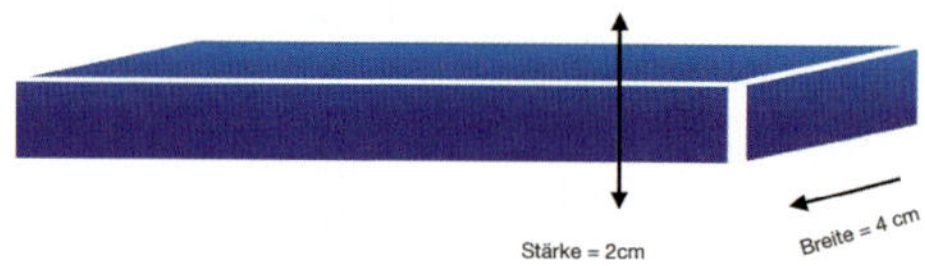

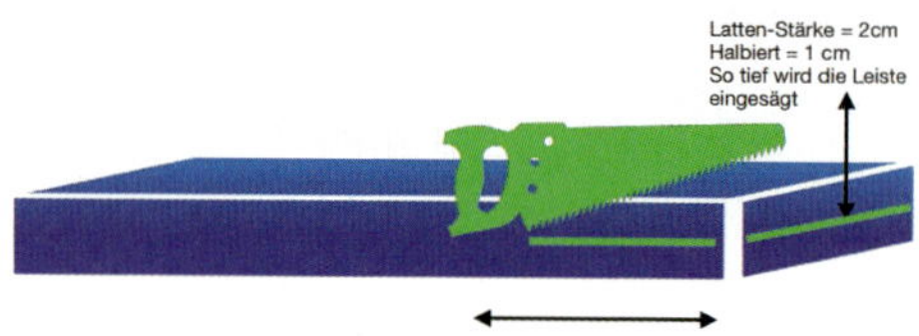

1. Die 4 verwendeten Holzlatten für den Grundrahmen können eine Stärke von ca. 2 cm und eine Breite von knapp 5 cm haben. In der Regel sind Latten aus dem Baumarkt grundsätzlich 2 oder 3 m lang. Die Länge der Latten richtet

sich nach dem bei Ihnen vorhandenen Platz, dementsprechend lang werden die Latten zugeschnitten. Es kann durchaus auch der Fall eintreten, dass die Fläche, wo das Wachtelquartier in Ihrer Wohnung stehen soll, nicht rechtwinklig ist. Auch in diesem Fall sind die jeweiligen Längen der Holzlatten nach den Gegebenheiten zu bemessen und von den gekauften Latten abzusägen. Für ein Quartier, das 5 Wachteln beherbergen soll, reicht eine Länge von mindestens 100 x 80 cm aus, es kann aber gern größer sein.

2. Vor dem Zusammenbauen des Rahmens müssen die Ecken vorbereitet werden: Auf der Längsseite der Latten an beiden Enden ca. 5 cm (so breit die Latte eben ist) hereinmessen und markieren. Entlang dieser Markierung nun die Latten 1 cm tief einschneiden (halb so tief, wie die Latte stark ist). Nun vom äußeren Rand horizontal in der Mitte der Latte bis zum Einschnitt sägen und das eingesägte Quadrat mit einem Stemmeisen entfernen. Falls die Latte an der abgetrennten Stelle viele und erhebliche Unebenheiten aufweist, muss mit Schmirgelpapier oder Feile nachgearbeitet werden.

3. Sobald alle Ecken vorbereitet wurden, können diese zusammengefügt werden, indem die „halbierten“ Ecken aufeinandergelegt werden. Mithilfe eines Winkels* kontrollieren, ob die Latten einen rechten Winkel bilden. Diese Überprüfung ist sehr wichtig und man sollte hier sehr genau arbeiten! Mit ein wenig Schleifpapier können geringe Unebenheiten nachgebessert werden. Wenn die bearbeiteten Latten gut ineinander passen, dann werden sie verbunden. Zum Verbinden eignen sich Nägel, Schrauben oder Holzleim. Sollten Sie Holzleim verwenden, denken Sie rechtzeitig an die Schraubzwingen, mit denen Sie die bearbeiteten Latten aufeinanderpressen.

* Neben einem Winkel leistet auch eine Wasserwaage gute Dienste. Mittlerweile sind die meisten Handys mit einer entsprechenden APP ausgestattet. Falls man noch keine derartige APP installiert hat, kann man sie meistens kostenlos aus dem Internet downloaden.

4. Die Arbeitsschritte wiederholen, bis der viereckige Rahmen fertig ist. Dieser Rahmen ergibt den Boden und dient außerdem dazu, die Latten zu befestigen, an denen die senkrechten Seitenwände befestigt werden.

Eine andere Möglichkeit, mit der man Latten zu rechtwinkeligen Ecken verbinden kann, besteht darin, die Enden der Latten in einem Winkel von 45 ° abzusägen. Nachdem die Enden derart abgesägt wurden, können diese zusammengesetzt und mit Holzleim verklebt werden. Zusätzlich sollte dieser rechte Winkel mit einem flachen, rechtwinkeligen Metallbeschlag befestigt werden.

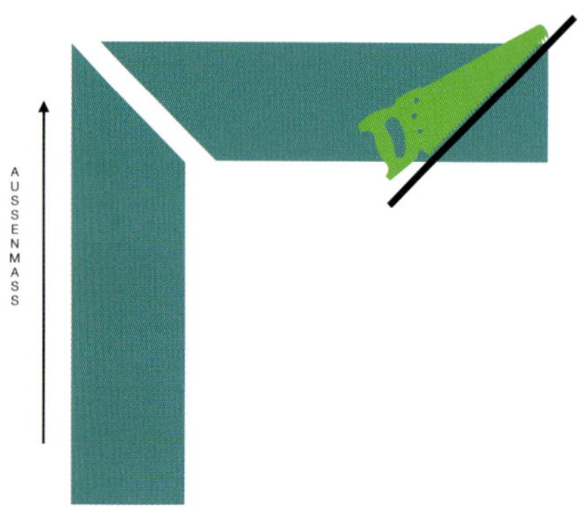

Eine weitere Möglichkeit eröffnet ein Besuch (auch online) in einem Fachgeschäft für Künstlermaterialien: Hier findet man relativ preiswerte vorbereitete Latten, die für das Anbringen von Canvas (Leinwand) konzipiert sind. Es gibt ein reichhaltiges Angebot an Abmessungen und an Stärken. Gut ist, dass man sie einzeln kaufen und individuell zusammenstellen kann. Ein weiterer Vorteil ist, dass diese Latten eine bessere Qualität aufweisen und dass sie wesentlich glatter sind als Latten aus dem Baumarkt. Nicht zu vergessen, dass man das identische Maß mehrfach kaufen kann – wir benötigen immerhin für den Bau des Quartiers mehr Latten als nur die 4 Stück für den Boden.

TIPP! Glatt und splitterfrei

Gerade Eltern sollten beim Bau eines Wachtelquartiers auf diese glatt gehobelten Latten zurückzugreifen, weil dadurch die Gefahr von eingezogenen Splittern deutlich gemindert wird. Ein Nachteil ist, dass man das Maß nicht frei wählen kann, sondern aus dem vielfältigen Angebot die bestmöglich passende Länge auswählen muss.

So geht's weiter: Plexiglasfenster

Soll senkrecht auf den Latten, die den Bodenrahmen bilden, als Sichtfenster und/oder Schmutzfang ein Plexiglasstreifen befestigt werden, so kann im nächsten Arbeitsschritt eine Kerbe in das Holz gearbeitet werden. Hierfür messen Sie die Stärke des Plexiglasstreifens (meistens beträgt sie 2–5 mm).

5. Damit das Plexiglasfenster später nicht aus der Kerbe „ausbrechen" und dadurch die Latte beschädigen kann (falls man z. B. beim Säubern versehentlich gegen das Sichtfenster drückt), sollten zwischen Kerbe und Lattenrand etwa 5 mm Abstand eingehalten werden. Die Kerbe sollte etwas breiter sein, als die Plexiglas-Scheibe ist (bei einer 2 mm starken Plexiglasscheibe wird eine Kerbe von 3 mm Breite in die Latte gekerbt). Die Kerbe sollte mindestens so tief wie die halbe Lattenstärke sein.
6. Das Ziehen der Kerbe gelingt, wenn man die zu bearbeitende Latte auf eine ebene Arbeitsplatte legt und mit Schraubzwingen fixiert, damit sie bei der Bearbeitung nicht verrutscht. Das Anpassen der Kerbe ist mit etwas Geschick relativ einfach zu bewerkstelligen und funktioniert unter Zuhilfenahme einer weiteren, relativ geraden Latte.

TIPP! Gerade oder nicht?

Ob eine Latte gerade oder gebogen (verzogen) ist, stellt man fest, indem man diese auf eine ebene Unterlage (Tischplatte) legt. Die Latte ist gerade, wenn sich kein Hohlraum zeigt.

7. Legen Sie eine gerade Latte auf die zu bearbeitende Latte auf und verbinden Sie die beiden Latten anschließend mit Schraubzwingen. Die Kante der aufgelegten Latte dient zur Führung des Stemmeisens, mit dem die Kerbe ausgearbeitet wird. Erst danach wird das Stemmeisen einige Male längs entlang der Latte gezogen (bis die Kerbe ausreichend tief und breit ausgearbeitet ist).

HINWEIS! Nicht ganz einfach

Bei dieser Tätigkeit kann man sich leicht Splitter in die Haut stoßen. Das ist also keine Arbeit für Kinder, zumal das Stemmeisen meistens sehr scharf ist! Wer über eine elektrische Fräse verfügt, kann die Kerbe natürlich damit ausarbeiten. Für den praxiserprobten Heimwerker, der mit dem erforderlichen Werkzeug ausgestattet ist, ist das Einkerben der Latten also bestimmt kein Problem. Doch für Personen, die sich noch nie handwerklich betätigt haben, kann daraus ein schwieriges Unterfangen werden. Dieser Personenkreis sollte mit Bedacht ans Werk gehen oder sollte seine Fähigkeiten zuerst beim Bau eines Wachtelquartiers aus Karton erproben.

8. Damit die Plexiglasscheibe auch oben mit dem Lattenrahmen verbunden werden kann, muss natürlich die Latte oben ebenfalls eingekerbt sein. Darüber hinaus summieren sich die Kerben in dem Fall, wenn das Wachtelquartier mehr als ein Sichtfenster aufweisen soll.

TIPP! Keine Kerben nötig

Die einfachste Methode, ein Sichtfenster zu befestigen, sind Rauspund-Bretter, weil sie bereits über „Kerben" (Nut und Feder) verfügen. In die Nut solcher Bretter kann man Plexiglas und Verglasungsfolie spielend einfügen.

So geht's weiter: Seitenwände

Nun kann man an den Ecken des Rahmens und auch rechts und links der Plexiglasfenster die senkrechten Latten anbringen, an denen die Seitenwände, die Rück- und die Vorderwand befestigt werden. Zwei Möglichkeiten bieten sich an:

- man setzt die Latte vor den Rahmen oder
- man setzt die Latte auf den Rahmen (beim Umsetzen dieser Möglichkeit sollte zuerst der Boden passend geschnitten und befestigt werden).

Als Bodenplatten sind wasserfeste Materialien wie z. B. Hohlkammerplatten aus Polycarbonat am besten geeignet. Diese werden an den liegenden Grundrahmen geschraubt.

9. Nun werden die Latten, die senkrecht auf dem liegenden Grundrahmen (Boden) befestigten werden sollen, je nach gewünschter Höhe des Quartiers z. B. auf 50 cm gekürzt. Dann werden sie von unten durch den Grundrahmen und die schon befestigte Bodenplatte hindurch angenagelt oder angeschraubt. Zusätzlich ist empfehlenswert, mit einem metallischen Winkel für Stabilität zu sorgen. Der Winkel wird im Inneren angebracht. Diese Methode ist vorteilhaft, wenn man mit einer Verglasungsfolie arbeiten will, weil man die Latten auf der Vorderfront bündig setzen kann und dadurch kaum unschönen Ecken und Kanten entstehen.
10. Die Rahmen für die Seitenwände werden nun verkleidet. Das erfolgt ganz nach persönlichem Belieben mit leichten Materialien wie z. B. Sperrholz, Plexiglas, Rauspund (Bretter), Pappe, PVC oder Draht – Ihrer Kreativität sind dabei keine Grenzen gesetzt. Diese Materialien können geleimt, geklebt, genagelt oder geschraubt werden. Für die Befestigung des Drahtes empfiehlt sich die Verwendung von U-Nägeln (Krampen).

Sperrholz lässt sich einfach zuschneiden und verleimen. Es eignet sich auch gut als Bodenplatte, wenn es zusätzlich mit einem wasserundurchlässigen Wachstuch, Linoleum oder dgl. überzogen wird. Außerdem kann Sperrholz bei Verwendung als Seitenwände sehr gut bemalt werden – beinahe wie Papier. Allerdings muss man bei Sperrholzwänden für einen ausreichenden Lichteinfall sorgen, indem z. B. Fenster ausgeschnitten werden, denn eine ausreichende Lichtversorgung mit Tageslicht garantiert das Wohlbefinden der Wachteln und ist die Grundlage für eine optimale Legeleistung Wachteln.

Mit Brettern, in diesem Fall Rauspund, verkleidete Seitenwände wirken rustikal. Die Bretter können auch farblich gestaltet werden. Es gibt eine Vielzahl unterschiedlicher Möglichkeiten, die vom Beizen mit handelsüblicher Beize über Streichen mit Farben bis hin zum Wachsen (Bienenwachs, Antikwachs) reichen. Erst durch eine entsprechende Veredelung der Hölzer wird das preiswerte Quartier zum optischen Highlight der Wohnung erhoben. Auch bei Seitenwänden aus Brettern muss für ausreichend Lichteinfall durch Fenster (Plexiglas, siehe Beschreibung S. 63) oder Gitter gesorgt werden.

Drahtgitter sind einfach zu verarbeiten. Für Wachtelunterkünfte in der Wohnung sind auch dünnere Gitter oder sogar Plastiknetze ausreichend.

Durchsichtiges Plexiglas bietet mehrere Vorteile: Viel Licht für die Wachteln, man kann die Wachteln gut beobachten, das Material ist leicht zu reinigen.

TAGSÜBER IM FREIEN, NACHTS DRINNEN

Logischerweise gelten für Wachtelquartiere, die im Außenbereich aufgestellt werden, höhere Ansprüche als für solche, die in der geschützten Wohnung die Wachteln beherbergen – egal, ob sich diese Quartiere auf dem Balkon, auf der Terrasse oder im Garten befinden.

Auch wenn nicht wild lebende Wachteln eher selten fliegen und der Wanderdrang kaum noch ausgeprägt ist, brauchen Wachteln, die im Freien gehalten werden, eine Unterkunft, die sie von ihrem Fluchtinstinkt abhalten. Denn im Freien können laute Geräusche oder Räuber die Wachteln aufschrecken, und sie versuchen panisch zu fliehen. Mitunter genießt eine Wachtel aber auch einfach nur den Aufenthalt im Freien und erprobt aus lauter Lebensfreude heraus ihr fliegerisches Können.

Außerdem muss das Wachtelquartier sie vor Raubtieren sowie vor Greif- und Rabenvögeln schützen. Wer schon einmal mit dem Unwesen, das Ratten, Füchse und Marder gelegentlich treiben, konfrontiert wurde, der weiß, dass diesen Plagegeistern nur sehr schwer beizukommen ist. Haben diese Tiere erst einmal eine Spur aufgenommen bzw. Beutetiere gewittert, handeln sie hartnäckig und nagen sich durch Holz oder graben sich unter schützenden Wänden durch das Erdreich hindurch, um zu den Wachteln zu gelangen. Demzufolge muss die Konstruktion der Unterkünfte, die sich auf dem Balkon, der Terrasse oder im Garten befinden, stabiler und „sicherer" sein als jene von Wohnungsquartieren.

Je nachdem, ob die Wachteln ständig oder nur tagsüber im Freien sind, benötigt man unterschiedliche Unterkünfte.

Wachtelquartiere für Balkon oder Terrasse

Gekaufter Käfig

Auf dem Foto ist ein **Käfig** abgebildet, der in der kommerziellen Wachtelhaltung verwendet wird, weil mehrere Käfige aufeinander stapelbar sind und so das Halten vieler Wachteln auf engstem Raum ermöglichen. Über einen Futtertrog und eine Vogeltränke werden die Wachteln versorgt.

Für die Hobbyhaltung sind diese Käfige ebenfalls sehr praktisch, sowohl für die Haltung in der Wohnung als auch auf der

Konventionelle Käfige wie dieser bieten den Wachteln ein Höchstmaß an Sicherheit. Auch hier sollte Heu oder Stroh eingestreut werden, was erheblich zum Wohlbefinden der Tiere beiträgt.

Terrasse, dem Balkon und auch im Garten oder in einem Gartenschuppen. Werden tagsüber im Auslauf oder in einer Voliere befindliche Wachteln bei einsetzender Dämmerung in solche Käfige verbracht, können sie die Nacht durchaus auf dem Balkon, der Terrasse oder im Garten verbringen.

Alter Kleiderschrank als Wachtelquartier

Gelegentlich sieht man auf Balkonen **Kleiderschränke** älterer Bauart stehen, und man fragt sich vielleicht, was sie wohl beherbergen. Neben ihrer ganz profanen Funktion als Stauraum für allerlei haushaltsübliche Dinge könnten die Kästen jedoch auch zu Wachtelquartieren umgebaut worden sein: Die Wachtel ist ja sehr ruhig und unauffällig. Und ein alter, hölzerner Kleiderschrank ist eine optimale Wachtelunterkunft, da in ihm ungefähr bis zu 20 Wachteln (auf drei Etagen) gehalten werden können, sodass sogar eine vollkommene Selbstversorgung mit frischen Eiern möglich ist. Hierfür werden lediglich ein paar Böden in den Schrank eingesetzt, und die Wachteln wohnen sozusagen in den Schrankfächern.

Der Umbau ist nicht aufwendig, da lediglich die Türen (zwecks Lichteinlass) baulich verändert werden müssen. Mit ein wenig handwerklichem Geschick lässt sich ein alter Schrank, der bereits ausrangiert wurde oder der vielleicht bei einem Verkauf nur ein paar wenige Euros einbringen würde, ziemlich kostengünstig in ein perfektes Wachtelquartier umbauen. Die Kosten für das anzuschaffende Material sind überschaubar. Ähnlich wie für die übrigen Bauanleitungen braucht man Materialien wie z. B. Latten, Bretter, Draht, Verglasungsfolie. Das benötigte Werkzeug für den Umbau eines alten Schrankes sollte größtenteils in jedem Haushalt vorhanden sein, lediglich eine spezielle Schere zum Schneiden von Draht ist erforderlich.

So wird's gemacht

1. Die Schranktüren werden abmontiert, um die Füllungen der Türen zu entfernen und durch ein licht- und luftdurchlässiges Material zu ersetzen – in der Regel wird dafür Draht verwendet.
2. Sämtliche Regal- und Hänge-Elemente im Schrank werden ausgebaut. Danach wird die Innenhöhe gemessen und in Abteile zu mindestens 40–50 cm Höhe unterteilt.
3. Dafür werden innen passende Leisten entsprechend der Unterteilung angebracht. Auf diese werden Bretter (man kann hierbei auch die Türfüllungen verwenden) gelegt. Sie werden mit feuchtigkeitsabweisenden Materialien vor dem Eindringen von Nässe und Schmutz geschützt.
4. Vor diese Bretter, die die Böden der Quartiere sind, wird als „Rahmen“ ein Brett hochkant befestigt. Es verhindert, dass die Einstreu herausfällt oder herausgescharrt wird.
5. Die einzelnen „Etagen“ werden wachtelfreundlich eingerichtet (siehe ab S. 42).
6. Die Schranktüren werden eingehängt bzw. mit Scharnieren befestigt (dafür sorgen, dass diese etwa mit einem Haken oder Riegel verschließbar sind). Man könnte theoretisch auch für jede „Etage“ eine eigene Tür machen, was aber nicht unbedingt nötig ist.

TIPP! Winterquartier

Übrigens können die Wachteln während der kalten Monate im Schrank überwintern! Bei extremer Kälte kann das Volumen der Einstreu verdoppelt und verdreifacht und der Schrank zusätzlich mit isolierenden Materialien umhüllt werden. Trinkwasser sollte täglich mehrmals angeboten werden. Nasse Futtermittel wie etwa Gurken, Tomaten, Melonen sollten während Kälteperioden **nicht** als Futtermittel eingesetzt werden.

Tagesauslauf & Nachtquartiere

Bei dieser Haltungsmethode sind die Wachteln tagsüber im Freien in einem **Auslauf** (siehe Beschreibung auf S. 69), werden jedoch am Abend eingefangen und verbringen die Nacht in einem sicheren Quartier.

Nachtquartiere

Es gibt zahlreiche Möglichkeiten, den Hühnervögeln nächtlichen Schutz und Behaglichkeit auch im kalten Winter zu gewährleisten – ob das nun ein **Wachtelhaus** ist, das im Auslauf aufgestellt ist, oder ein handelsüblicher stabiler und ausreichend großer **Käfig aus Metall**, der jedwedem Angriff heimischer Raubtiere standhält, wird sich nach den individuellen Vorstellungen richten.

Sofern es im Garten einen **Schuppen oder eine Garage** gibt, können die Wachteln dort in einer **Kiste** übernachten. Natürlich ist bei der Verwendung einer Kiste daran zu denken, dass die Wachteln ausreichend Platz haben und ihnen ausreichend Luft zur Verfügung steht. Damit die Kiste trocken und sauber gehalten und die Ausscheidungen der Wachteln gut beseitigt werden können, wird der Boden mit feuchtigkeitsabweisenden Materialien ausgelegt. Das müssen keine teuren oder neuen Materialien sein, es genügen auch Reste von stabiler Folie, eine alte Wachstuchtischdecke oder ein Linoleum-Rest.

Wenn der Schuppen oder die Garage, in die die Wachteln nachts gebracht werden, vor dem Eindringen von Räubern zuverlässigen Schutz bieten, sind dort auch **Wohnungs-Wachtelquartiere** (z. B. aus leichten Materialien oder gar aus Karton, siehe S. 51) als Nachtquartier ausreichend. Wachteln sind keine ausgesprochenen nachtaktiven Tiere und benötigen darum im Nachtquartier keine Futtermittel und auch kein Trinkwasser.

Wichtig ist in jedem Fall, die Temperaturen zu beachten: In heißen Nächten darf in dem Quartier kein Hitzestau entstehen.

HINWEIS! Naturnah & kostensparend

Die Auslaufhaltung bei Tag bietet den Wachteln ein lebenswertes und naturnahes Leben. Gleichzeitig ist sie auch vor dem finanziellen Hintergrund empfehlenswert, weil Auslauf & „Nachtquartiere“ kostengünstiger sind als aufwendige Volieren und Wachtelhäuser als Quartier.

Der Auslauf

Für Wachteln, die sich lediglich tagsüber im Freien aufhalten, reicht ein mit metallischem Draht umzäunter Auslauf, über den Netzte gespannt werden, in der Regel aus. Jeder Wachtel sollte mindestens 1 m² Auslauffläche zur Verfügung stehen.

Wo im Garten dieser Auslauf errichtet wird, ist unerheblich, solange dort keine

Staunässe auftritt und an heißen Tagen ausreichend Schatten vorhanden ist, in den sich die kleinen Vögel zurückziehen können. Jedoch ist ein zu üppiger Bewuchs beim Auffinden und Einsammeln der kleinen, an ihre Umwelt angepassten und somit farblich gut getarnten Eier hinderlich.

Sicherlich gibt es in jedem Garten einen Bereich, der aus irgendwelchen Gründen kaum genutzt wird, wie etwa ein Grenzabschnitt zu einem Nachbargrundstück an einem ungünstigen Platz oder eine schmale Stelle zwischen zwei Gebäuden.

Bevor Sie sich Gedanken über das zu verwendende Material machen, überlegen Sie bitte, wie groß und wie hoch der Auslauf werden soll, also ob Sie sich stehend oder bückend im Auslauf bewegen wollen. Bedenken Sie, dass das Aufsammeln der Eier schnell zur Tortour werden kann, wenn man sich nicht aufrichten kann.

Außerdem ist eine Überprüfung des Untergrundes erforderlich, da dieser Einfluss auf den Materialeinsatz haben wird: Ein steiniger Untergrund würde beim Eintreiben der Pfosten in den Boden Probleme bereiten und ein sandiger Untergrund wiederum den Pfosten keinen ausreichenden Halt bieten. Prüfen Sie also die Beschaffenheit des Bodens genau und wägen Sie ab, welche Vorgehensweise für die Errichtung des Auslaufs die beste Alternative ist. Diese kann vom Einschlagen der angespitzten Pfosten in den Erdboden bis zu ihrem Einbetonieren reichen.

Das erforderliche Material zum Errichten eines Auslaufs richtet sich wie gesagt nach der Größe und der gewünschten Höhe. Grundsätzlich sind für eine Konstruktion im Außenbereich witterungsbeständige Materialien bzw. Materialien, die mit einem speziellen Erosionsschutz behandelt wurden, erforderlich.

Es ist jedoch auch durchaus möglich, im Handel erhältliche Pflöcke (z. B. solche für die Weidehaltung) zu verwenden. Auch zuvor schon anderweitig gebrauchte Pflöcke können wiederverwendet werden.

Dieser bisher ungenutzte Grenzbereich zu einem Nachbargrundstück bietet durch die Hecken und das naturnahe Umfeld ideale Voraussetzungen für die Errichtung eines Wachtel-Auslaufes.

Benötigtes Material zum Bau eines Wachtelauslaufs

- Pfosten
- ev. Latten zur Verstrebung
- Nägel bzw. Schrauben
- Drahtgitter bzw. Netz
- U-Nägel (Krampen)
- Latten, Winkel und Scharniere für die Tür
- Überwurfnetz zur Abdeckung des Auslaufs
- Element (z. B. Stehleiter mit Bretterkreuz) zum Spannen des Überwurfnetzes

HINWEIS! Herausfordernde Arbeit

Zum Errichten eines Auslaufs sollten Sie körperlich fit und belastbar sein und sich bewusst sein, dass dies ein zeitintensives Unterfangen ist. Gerade das Setzen der Pfosten erfordert Kraft und setzt Präzision beim Einhämmern in den Erdboden voraus.

So wird's gemacht

In regelmäßigen Abständen werden Pfosten im Erdboden verankert. Der Abstand sollte je nach Untergrund zwischen 50 cm und 2 m betragen. Der Abstand richtet sich auch nach dem verwendeten Drahtgitter oder dem Netz (je stabiler bzw. stärker das Gitter, umso größer können die Abstände sein) und ob bezüglich der Standfestigkeit weitere Maßnahmengeplant sind.

1. Weitere Maßnahmen wären beispielsweise, dass die Pfosten mittels einer Strebe (eine diagonal, mitunter auch horizontal eingezogene Latte) miteinander verbunden bzw. stabilisiert werden.
2. Schon beim Setzen der Pfosten muss unbedingt an die Tür gedacht werden. Das Türmaß bleibt Ihnen überlassen. Die Tür kann ganz einfach selbst zusammengebaut werden (quadratischer oder rechteckiger Rahmen aus Holzleisten, Anleitung siehe ab S. 60).
3. Wenn alle Pfosten gesetzt sind, wird das Drahtgitter bzw. das Netz mit U-Nägeln (Krampen) daran befestigt. Es muss möglichst straff gespannt werden, damit es räuberischen Mardern, Katzen usw. standhält.
4. Sobald das Drahtgitter bzw. das Netz befestigt wurde, kann zum Abschluss als Schutz gegen Raub- und Rabenvögel ein Netz über dem Auslauf angebracht werden. Damit das Netz gut gespannt werden kann und nicht durchhängt, kann ein etwa 1,7 m hohes Element (z. B. eine Stehleiter – siehe Tipp unten) in das Zentrum des Auslaufs gestellt werden, darüber wird das Netz ausgebreitet und mit den Pfosten verbunden.

TIPP! Stehleiter mit Bretterkreuz

In meinen Wachtelauslauf habe ich eine alte Stehleiter (1,8 m hoch) aufgestellt, auf deren oberem Ende ich ein Kreuz aus Brettern befestigt habe. Die miteinander verbundenen gekreuzten Bretter halten das Überwurfnetz erstaunlich gut, weshalb die Spannung bestehen bleibt.

Apropos Rabenvögel
Aus meiner eigenen Erfahrungen mit Krähen und Elstern kann ich behaupten: Diese Vogelart ist klug. Rabenvögel beobachten ihre Umgebung aktiv und interagieren.
Ich musste beobachten, wie Elstern und Krähen mit ihren scharfen und gefährlich spitzen Schnäbeln durch die eng bemessenen Abstände der Holzlatten eines Zaunes, der ursprünglich meinen Auslauf umfasste, hackten und dabei mehrere Küken töteten. Deshalb habe ich sofort den bodennahen Bereich mit einem engmaschigen Maschendraht gesichert.

TIPP! Verdächtige Vögel verscheuchen

Sobald Rabenvögel den Auslauf bemerkt haben und damit beginnen, die Gegebenheiten „auszuspionieren“ sollte man die Vögel mittels Händeklatschen, Rufen oder mit anderen lauten Geräuschen vertreiben. Man erkennt die Gefahr an der Nähe der Rabenvögel zum Auslauf, beispielsweise, wenn sich mehrere Vögel auf einem Baum in der Nähe versammeln. Meistens verhalten sie sich dann tendenziell „aufgeregt“ und erzeugen viel Lärm.

„Ausstattung“ des Auslaufs

Im Auslauf sollten Bereiche zum Scharren, zur Nahrungsaufnahme, zum Sand- und Staubbaden geschaffen werden. Außerdem brauchen Wachteln Bereiche, wo sie sich verstecken können. So „tarnen“ sie sich z. B. beim Eierlegen und „verschmelzen“ auch sonst gern mit der Umwelt. Im Auslauf kann man mit einfachen Mitteln diesem Bedürfnis Rechnung tragen. Besonders geeignet sind Gemüsepflanzen mit großen Blättern, wie z. B. sämtliche Kohlpflanzen, niedrige Heckenpflanzen, Gräser, Tomaten ...

Der Vorteil von Gemüse im Auslauf ist die zweifache Nutzung – es dient als Futter und als Versteck. Der Nachteil ist, dass das Einsammeln der Eier schwieriger wird – Kinder werden das Eiersuchen allerdings lieben.

Diese Wachteln genießen ein Sonnenbad in ihrem Auslauf.

Entkommen Wachteln in den Garten oder ist der Auslauf bzw. die Voliere mit vielen Pflanzen bewachsen, dann kann man sie nur mit Mühe unter den Blättern entdecken, wo sie regungslos verharren.

TIPP! Bewegungsfreiheit

Das Einsammeln der Eier wird erheblich erleichtert, wenn man sich im Auslauf gut bewegen kann.

Das Wachtelhaus

Ist der Auslauf groß genug, kann durchaus ein Wachtelhaus integriert werden, ansonsten kann es auch an anderer Stelle im Garten oder auf der Terrasse stehen. Wichtig ist, dass das Wachtelhaus stabil ist und den Wachteln optimale Sicherheit während der Nacht bietet. Ein Wachtelhaus kann aus Holz gebaut werden, muss zumindest eine Tür, eventuell auch Fenster haben, es kann aber auch aus Ziegelsteinen gemauert werden.

Wie auf dem Foto unten ersichtlich, wurden die Wände dieser stabilen Unterkunft, die aus einem alten Holztisch gebaut wurde, doppelt verbrettert, weshalb bei einem Angriff ein weiterer Widerstand von einem möglichen Räuber beseitigt werden muss. Auch, dass das Quartier nicht auf den Boden gestellt wurde, erfüllt eine abwehrende Funktion: Ratten können nicht problemlos aus dem Verborgenen heraus ihr Ziel verfolgen. Die wasserabweisende Dachabdeckung, die aus einer biegsamen Bitumenplatte besteht, erlaubt einem Räuber nicht, darauf zu stehen, während dieser sich durch die Tür oder die Wand zu nagen versucht. Sobald der Räuber sich über den Rand beugt, knickt sie ein.

Die Tür ist zweifach verdrahtet. In den Bodenraum, der sich zwischen Tischplatte und der Bodenverbretterung befindet, wurden alte Backbleche vom Sperrmüll sowie Steine zum Beschweren eingelegt.

HINWEIS! Solide & sicher

Denken Sie daran: Wachteln kehren, anders als Hühner, bei Sonnenuntergang NICHT aus eigenem Antrieb in das Wachtelhaus zurück! Das bedeutet, dass die Wachteln am Abend eingefangen und zu ihrer Sicherheit in das Wachtelhaus gesetzt werden müssen.

WACHTELQUARTIERE FÜR DIE STÄNDIGE HALTUNG IM GARTEN

Ganz anders verhält es sich, wenn die Wachteln Tag und Nacht im Freien gehalten werden. Bei dieser Haltungsmethode müssen noch wirksamere Vorkehrungen getroffen werden, damit die Wachteln nicht räuberischen Wildtieren (oder Katzen) zum Opfer fallen. Geeignet sind in erster Linie Volieren bzw. „Vogelhäuser".

Volieren bzw. „Vogelhäuser"

„Das große Fremdwörterbuch" umschreibt den aus dem Französischen stammenden Begriff „Voliere" mit „Freigehege". Heute versteht man darunter einen meist rechteckigen, großen Käfig, in dem unterschiedlichste Vogelarten – von Singvögeln über Papageien bis hin zu Geflügel – „wohnen" und der ausreichend Platz zum Fliegen bietet. Auch im deutschen Sprachraum war früher der Begriff „Woliär" als Bezeichnung für „Vogelhaus bzw. Taubenhaus" üblich *(Quelle: „Der große Duden – Rechtschreibung der deutschen Sprache und der Fremdwörter" nach den für das deutsche Reich, Österreich und die Schweiz gültigen Regeln. Bearbeitet von Dr. Otto Basler. Erschienen: Biografisches Institut AG. In Leipzig 1939).*

Volieren können im Freien, aber auch durchaus in der Wohnung aufgestellt werden. Wahrscheinlich werden Hobbywachtelhalter, die ihre Tiere in der Wohnung halten, eher einfache Wachtelquartiere vorziehen, weil diese auch weniger Platz benötigen. Deshalb beziehe ich mich in den folgenden Beschreibungen auf Volieren, die für den Außenbereich, also für den Garten oder die Terrasse, gedacht sind. Für diese bevorzuge ich jedoch den Begriff „Vogelhaus".

Ein Vogelhaus ist je nach Ausmaß ein „Bauwerk". Beim Errichten von Bauwerken greift das Baurecht der Gemeinde. Vor dem Beginn des Bauens sollte man sich unbedingt beim zuständigen Bauamt über die rechtlichen Bestimmungen informieren.

Vorteile eines Vogelhauses

- Rund-um-die-Uhr-Schutz für die Bewohner
- optische Aufwertung des Gartens bzw. des Grundstücks
- geringerer Arbeitsaufwand in der Haltung

TIPP! Vogelhaus de Luxe

Hobbyhandwerker können ihr kreatives Potenzial in vollen Zügen ausschöpfen und ihr selbst gebautes Vogelhaus „smart" gestalten, indem sie dieses z. B. beleuchten.

Nachteile eines Vogelhauses

- ein Vogelhaus selbst zu bauen ist für handwerklich unbegabte bzw. ungeübte Personen nicht empfehlenswert
- spezielle Geräte und Werkzeuge sind erforderlich
- die Errichtung ist arbeitsintensiv
- die Kosten für das Baumaterial richten sich nach dem gewählten Material und der anvisierten Größe

Grobe Anleitung

Für das Selberbauen eines Vogelhauses ist einiges an handwerklichem Geschick nötig. Wer nicht über dieses verfügt und trotzdem nicht darauf verzichten möchte, muss sich wohl oder übel ein derartiges „Bauwerk" im Fachhandel kaufen. Geübte Handwerker hingegen werden keine detaillierte Anleitung brauchen. Dennoch sind einige Überlegungen anzustellen.

Kosten

Bevor mit dem Bau eines Vogelhauses begonnen wird, sollte der Kosten-Nutzen-Faktor gründlich überlegt werden. Für einen Quadratmeter Volierendraht muss man mit einem Preis von etwa 15 € rechnen. Auch das übrige benötigte Material kostet einiges. Zunächst ist es wichtig, sich zu überlegen, wie das selbst gebaute Vogelhaus aussehen soll und wie viel Geld man dafür ausgeben möchte (vielleicht gibt es bereits einen ungenutzten Schuppen, den man in ein Vogelhaus umwandeln kann, was die Sache einfacher und günstiger macht). Wenn jedoch das Bauwerk komplett neu errichtet wird, misst man am besten den dafür vorgesehen Platz ab, um den Bedarf an Material berechnen zu können. Dieses ist z. B. im Fachhandel oder in Baumärkten erhältlich. Parallel zur Planung ist also der Besuch eines Baumarktes obligatorisch.

Ein Besuch im Baumarkt eröffnet neue Perspektiven: Das Angebot ist breit gefächert und auf alle Bedürfnisse ausgerichtet.

TIPP! Vergleichen & sparen

Empfehlenswert ist, sich bei der Suche nach geeigneten Materialien nicht nur auf Baumärkte zu beschränken. Außerhalb von Städten gibt es diverse Sägewerke. Dort bekommt man mitunter unterschiedliche Hölzer, Bretter, Steher und dgl. zu einem erschwinglichen Preis.

Welches Vogelhaus soll's werden?

Im Folgenden möchte ich einige Ratschläge geben, wie aus meiner Sicht ein optimales Vogelhaus beschaffen sein sollte. Dabei erinnere ich mich an die Volieren und Vogelhäuser, die meine Großeltern besaßen – sie waren leidenschaftliche Geflügelliebhaber, die vom Papagei bis hin zum Schwan, der neben den vielen Enten auf dem Teich in ihrem Gartenparadies schwamm, beinahe jedwedes federbehaftete Tier ihr Eigen nannten.

Der Boden

Ein Vogelhaus sollte auf einem soliden Fundament stehen, das nicht von Raubtieren zerstört (z. B. von Ratten durchgenagt) oder von Füchsen untergraben werden kann. Ein massiver Boden aus Beton in einem Vogelhaus hat den Vorteil, dass Raubtiere abgehalten werden und die Reinigung sehr einfach ist. Jedoch ist Beton nicht gerade tierfreundlich, weshalb er mit natürlichen Materialien wie z. B. Sand, Erde, Moos, Heu oder Stroh zu bedecken ist, da ansonsten die Wachteln erkranken könnten. Um den Wachteln ihr Tarnungsverhalten zu ermöglichen, können Pflanzgefäße, in denen ausliegende, ungiftige Grünpflanzen kultiviert werden, auf dem Boden platziert werden. Zwar ist der Arbeitsaufwand durch die nötige Pflege der Pflanzen höher, man bietet den Wachteln aber dadurch genügend „Wildnis" zum Verstecken und „dekoriert" das Vogelhaus. Auch das Sand- oder Staubbad gehört zu einer vollumfänglich wachtelfreundlichen Ausstattung.

Der Rahmen

Wichtig ist, dass das Vogelhaus ausreichend hoch geplant wird, damit man darin aufrecht gehen kann. Der geschickte Handwerker wird für das Grundgerüst je nach persönlichem Belieben relativ massive Holz- oder Metallsteher (Pfosten) verwenden und sich überlegen, wie er das Grundgerüst verstrebt und am Boden befestigen kann.

Die Seitenwände

Die Gestaltung der Seiten ist ebenfalls sehr individuell möglich. Bei einem Vogelhaus besteht mindestens eine Seite aus Draht, sodass man jederzeit in das Innere blicken kann. Diese offene Seite sollte nicht zur

Wetterseite zeigen, weil sonst bei kräftigen Niederschlägen die Gefahr besteht, dass Nässe in das Vogelhaus gelangt. Die restlichen Seiten können z. B. mit Holz verkleidet werden.

Volierendraht ist, wie wir bereits gesehen haben, ein hochpreisiges Baumaterial. Es gibt allerdings unterschiedliche Drahtqualitäten, die im Preisniveau deutlich unter dem Volierendraht liegen. Diese preisgünstigeren und meistens auch dünneren Drähte sollten unbedingt mehrlagig übereinandergelegt und verarbeitet werden. Ein derartiger Aufwand schlägt sich allerdings erst recht wieder in den Gesamtkosten und in der Verarbeitungszeit nieder, und das Ergebnis sieht zudem nicht so schön aus. So gesehen ist teurerer Draht in Edelstahlqualität in puncto Haltbarkeit und auch optisch die bessere Wahl.

Die Tür

Um bequem in das Vogelhaus zu gelangen, braucht man natürlich eine Tür. Diese muss zur Sicherheit gegen räuberische Tiere mit einem stabilen Riegel verschlossen werden können.

Das Dach

Für mich muss ein optimales Vogelhaus für Wachteln auf jeden Fall ein wasserundurchlässiges Dach haben. Es kann aus Holz bestehen, die mit Dachpappe versehen wird, aus Welleternit oder aus anderen geeigneten Materialien. In Regionen, in denen erfahrungsgemäß viel Schnee fällt, sollte auch an die Belastbarkeit gedacht werden und in Regionen, die gelegentlich von starken Winden betroffen sind, sollte die Verankerung des Daches nicht vernachlässigt werden. Ob ein Pult- oder Satteldach errichtet wird, hängt von der geplanten Konstruktion ab.

Elektrische Installationen

Falls welche gewünscht sind, sollten diese von einem Fachmann vorgenommen werden.

WICHTIG! Sorgfältige Verarbeitung

Die Hölzer in Bodennähe müssen sauber verarbeitet werden, damit für die Wachteln keine Verletzungsgefahr besteht. Auch beim Draht dürfen keine scharfen Kanten überstehen.

DAS WACHTELFUTTER

Der Fachhandel bietet eine große Auswahl an guten unterschiedlichen Futtermischungen in unterschiedlichen Preisklassen für die Wachtelhaltung an. Diese reichen von einer gesunden Körnermischung bis hin zu einem die Legeleistung steigernden Spezialfutter in Form von Pellets.

Je nachdem, was Sie von Ihren Wachteln erwarten, werden Sie das dafür optimale Wachtelfutter auswählen.

FUTTER FÜR LEGEWACHTELN

Wer viel Augenmerk auf eine möglichst gute Legeleistung legt, wählt am besten ein Futtermittel, dass die Eierproduktion ankurbelt, ein sogenanntes „Legemehl". Diese speziell für Legewachteln konzipierten Futtermittel sind ausgewogene Mischungen und enthalten alle notwendigen Nährstoffe, Mineralien und Vitamine, damit die Wachteln auch trotz guter Legeleistung bestens versorgt sind.

Der Handel führt unterschiedliche „Legemischungen" und industriell bereitete Futtermittel speziell für Nutztier-Wachteln. Das schnell aufschließbare Futter liefert den Legewachteln die nötige Energie zur gesteigerten Eierproduktion. Jedoch sollte man bedenken, dass dies zu Lasten der Wachteln geht: Dieser „Akkord" kann die Lebenszeit der Tiere reduzieren und ihr Wohlbefinden beeinträchtigen.

Artgerechtes Wachtelfutter aus dem Fachhandel

Im Fachhandel gibt es inzwischen eine große Auswahl von artgerechtem Wachtelfutter. Mit dem richtigen Futter werden Wachteln weder zum Legen gezwungen noch leiden sie unter Mangelerscheinungen. Für artgerechtes Futter bekannt ist die Marke WachtelGold®, die sich am natürlichen Fressverhalten der Wachtel orientiert. Da Wachtel nicht gleich Wachtel ist und die Tiere unterschiedliche Nährstoffansprüche haben, gibt es verschiedene Futtersorten von WachtelGold®: Ob für Küken, Wachteln im Winter, Zierwachteln oder Legewachteln – die Rezepturen sind auf die Bedürfnisse der Tiere abgestimmt, sodass sie keine Futterzusätze benötigen. Zu erwähnen ist das Wachtel Spezial Original, das nicht nur aus Pellets besteht, sondern mit Kräutern, Blüten, Samen und Gammarus den Wachteln Abwechslung bietet.

HINWEIS! Beste Legeleistung

Die Hauptlegeleistung erfolgt im ersten Lebensjahr. Wachteln, die gerade mit dem Eierlegen starten, sind deutlich aktiver als die älteren Tiere.

FUTTER FÜR MASTWACHTELN

Damit Nutztier-Wachteln, die zur Fleischproduktion gehalten werden, möglichst rasch und viel zunehmen, bedarf es keines anderen Futters. Die fertigen Futtermischungen, die im Fachhandel auch für Wachteln erhältlich sind, sind optimal auf Lege- und Mastwachteln ausgerichtet.

MEINE FUTTEREMPFEHLUNG FÜR „HAUSTIER-WACHTELN"

In der Hobbyhaltung von Wachteln geht es mir in erster Linie um das Wohl der kleinen Hühnervögel und die Nachhaltigkeit. Meine Wachteln müssen weder möglichst viele Eier legen, noch müssen sie besonders schwer werden. Ich füttere sie daher mit einfachen Körnermischungen (es gibt auch solche, in denen Muschelschalen zur Kalkversorgung enthalten sind), die im Fachhandel erhältlich sind. Wachteln mögen kleine Samen, wie etwa Hirse, weshalb ein volkstümlicher Name der Wachtel „Hirsevogel" lautet. Weiters sind Buchweizen, Saflor, Amarant, sämtliche Samen der Kohl-Varietäten, Grassamen etc. bestens als Wachtelfutter geeignet. Außerdem werden sie mit reichlich Gemüse und ein bisschen Obst versorgt. Die Legeleistung im Vergleich zu Hennen, die mit Legemehl verköstigt werden, fällt dadurch zwar etwas geringer aus, jedoch erfreuen sich meine mit Körnerfutter gefütterten Haustier-Wachteln ausgesprochen guter Gesundheit und sind sehr vital.

Kostengünstig und klimagerecht

Zusätzlich zum einfachen Körnerfutter bekommen meine Wachteln wie schon erwähnt Obst und Gemüse. Das können Überschüsse aus dem eigenen Garten oder auch schon leicht verwelkte Produkte sein. Außerdem können auch Obst- und Gemüseabfälle, die beim Kochen entstehen oder im Garten anfallen, sinnvoll verwertet werden und landen nicht in der Bio-Tonne, sondern im Wachtelmagen.

Lediglich gekochte Küchenabfälle werden von meinen Wachteln verschmäht.

Küchenreste, die zur Fütterung geeignet sind

- sämtliche Salate (auch bereits welke)
- Reste von Kohlköpfen
- hutzliges bzw. wurmstichiges Obst
- Tomaten (auch aufgeplatzte, hutzlige oder schadhafte)
- Salatgurken (auch gelbe)
- Melonen (auch geplatzte)

WICHTIG! Keine verdorbene Ware

Auf keinen Fall dürfen Gemüse und Obst (Abfälle), die an Wachteln verfüttert werden, faul oder verschimmelt sein!

WACHTELFUTTER SELBST PRODUZIEREN

Besonders gesund, preiswert und klimaneutral können Wachteln mit Futtermitteln aus dem eigenen Anbau ernährt werden.

Futterpflanzen aus eigenem Anbau
Salate
Kohlgemüse
Fruchtgemüse
Beikräuter
wenig Obst

Frische Futtermittel

Jeder, der bereits erfolgreich eigenes Gemüse angebaut hat – unerheblich, ob im Garten, in einem Hochbeet oder auf einem Balkon – kennt die Situation: Manchmal fällt auch nicht zum Verzehr geeignetes Gemüse an. Das sind z. B. aufgeplatzte, schadhafte Tomaten oder Gurken, auf die man versehentlich im Verlauf der Ernte getreten ist. Und niemand isst gerne bräunlich verfärbte Salatstrünke oder Salat- bzw. Krautköpfe, die von Raupen oder Schnecken angefressen sind. Salat, der die Höhe schießt, ist ebenfalls nicht besonders gut und wird oft verschmäht. Fallobst oder wurmstichiges Obst wird

ebenfalls nicht gegessen, sondern landet auf dem Kompost. Viele weitere Ursachen können die Ernte aus dem Garten beeinträchtigen.

Den Wachteln jedoch vergeht in Anbetracht derartiger Minderungen der Appetit nicht. Sie verzehren selbst das Beikraut, wenn man es ihnen in ihrem Auslauf überlässt.

Obst

Wachteln verzehren fast alle Obstsorten, wobei Äpfel und Birnen absolute Lieblingsobstsorten sind und Bananen an letzter Stelle rangieren. In meinen Versuchen mieden Wachteln allerdings Beeren (auch Erdbeeren), hingegen wurden samenreiche Früchte wie Andenbeeren favorisiert, was darauf schließen lässt, dass Wachteln Obst mit einem hohem Fruchtsäuregehalt meiden. Der Obstanteil sollte im Verhältnis zum Gemüse und der Körnermischung allerdings gering sein, denn Obst enthält Zucker, und zu viel Zucker ist auch für Wachteln nicht gesund!

Fruchtgemüse

Fruchtgemüse bestehen aus einem relativ weichen Fruchtfleisch und sie stecken voller Kerne. Die Wachteln sind kaum in der Lage, die Schale von Gurken, Zucchini oder Kürbis zu durchbrechen. Also muss Fruchtgemüse, bevor es den Wachteln angeboten wird, zerteilt werden.

Kohlpflanzen

Kohlpflanzen können durchaus in Töpfen kultiviert werden, allerdings eher nicht in der Wohnung. Wenn man diese Töpfen dann in den Auslauf oder in die Voliere stellt, halten sich die Wachteln gerne unter den großen und stabilen Blättern, die Kohlpflanzen bilden, auf.

TIPP! Kohlpflanzen selber vermehren

Kohlpflanzen entwickeln sich zuverlässig. Die Samen sind leicht zu erzeugen. Pflanzen Sie doch einfach einmal einen kleinen Kohlkopf mit dem Strunk in einen Blumentopf und lassen Sie die Erde nicht austrocknen. Sie werden überrascht sein, wie schnell der Kohlkopf Wurzeln schiebt und eine Blüte bildet.

Auf der Fensterbank können in Schalen Salate, Gräser und andere Gemüsevarietäten eingesät werden. Auf diese Weise können sehr preiswerte Futtermittel für die Wachtelhaltung in den eigenen vier Wänden produziert werden.

Salat

Salate sind einfach in der Kultur, ob im Garten, im Hochbeet, auf dem Balkon oder in Töpfen auf dem Fensterbrett. Samentüten sind ganzjährig erhältlich. Es gibt viele Sorten, die zu verschiedenen Jahreszeiten Saison haben. Auf den Samentüten befindet sich ein Hinweis zur besten Aussaatzeit. Wenn man unterschiedliche Sorten sät bzw. anpflanzt, kann man fast ganzjährig frischen Salat kultivieren. Dieser mundet ganz bestimmt nicht nur den Wachteln.

Wenn der Salat nur den kleinen Hühnervögeln zur Verfügung stehen soll, sind keine besonderen Ansprüche an die Sorte zu stellen. Wir unterscheiden zwischen Kopfsalat und Pflücksalat. Die Wachteln bevorzugen Kopfsalat, weil sie die kompakten Salatköpfe besser zerpflücken und dann verspeisen können. Beim Kopfsalat, der für die menschliche Ernährung dient, wird am besten der Kopf vom Strunk getrennt und die ganze Blattrosette, die sich im erdnahen Bereich um den Strunk gebildet hat, gelangt zu den Wachteln. Auf diese Weise können die Wachteln die Blätter zerrupfen. Liegen dagegen einzelne Blätter lose auf dem Boden, picken die Wachteln diese war an und heben sie zum Zerpflücken hoch, da jedoch kein Widerstand vorhanden ist, können sie nur mit Mühe ein Stück vom Blatt abzupfen.

Wer die Wachteln mit Pflücksalat füttern möchte, der sollte den Samen in kleinen Schalen aussäen. Wenn der Pflücksalat dann ca. 10 cm hoch ist, kann man die Schalen auf den Boden des Wachtelauslaufs bzw. des Wachtelquartiers stellen. Da die einzelnen Salatblätter am Strunk angewachsen sind und dieser fest in der Erde steckt, können die Wachteln ohne Probleme Stücke abzupfen.

Anbau auf der Fensterbank

Wer Pflanzen in der Wohnung kultiviert, sollte wissen, dass jede Pflanze andere Ansprüche an die Qualität des Lichtes stellt.

Plätze, an denen über viele Stunden am Tag die Sonne in den Raum fällt, sind für die Kultur von Fruchtgemüsen optimal geeignet. Getreide wie Weizen, Gerste oder Hafer kann dagegen auch bei schlechten Lichtverhältnissen (sogar im Herbst) erfolgreich auf einer Fensterbank zu „Getreidegras" gezogen werden.

Selbst Fruchtgemüse kann in der Wohnung kultiviert werden, das hat z. B. in Texas Tradition. Dort habe ich bei Freunden und Bekannten Gurken und Tomaten gesehen, die anstelle von Zimmerpflanzen innerhalb der Wohnungen gediehen. Die Sortendiversität der Tomaten ist gewaltig, es gibt Sorten, die wie Weinranken an einem Spalier in die Höhe schießen, andere Tomaten-Pflanzen bilden einen Busch oder sie eignen sich für die Pflanzung in Ampeln. Ähnlich verhält es sich mit den Gurken.

TIPP! Altes Geschirr

Zum Ziehen von Getreidegras oder anderen Pflanzen auf dem „Fensterbalkon" können alte, nicht mehr gebrauchte Schüsseln, Schalen und dergleichen verwendet werden. Füllen Sie etwas Erde hinein. Darauf streuen Sie dann Getreidekörner und halten das Ganze feucht, bis das Getreide ausreichend entwickelt ist. Diese Methode gelingt auf jeder Fensterbank!

Gemüse- und Obstabfälle

Selbst wenn man keinen Garten, kein Hochbeet und keinen Balkon zum Anbau von eigenem Gemüse und Obst besitzt, fallen im Haushalt genügend ungenutzte Reste an: Nicht mehr ganz frisches, welkes oder verschrumpeltes Gemüse und Obst, Putzabfälle und Gemüse- bzw. Obstreste wie Apfelbutzen (Kerngehäuse) landen normalerweise im Biomüll – außer man kann seine dankbaren Wachteln damit füttern.

Körnerfutter

Frische Futtermittel wie Obst und Gemüse sind als Zusatz zu Körnerfutter bestens für die Hobbyhaltung von Wachteln geeignet. Was die Körnermischungen betrifft, ist es am einfachsten, fertige Futtermischungen im Fachhandel zu kaufen. So kann man absolut sicher sein, dass die Wachteln mit allen notwendigen Nährstoffen, Vitaminen und Mineralstoffen versorgt werden. Man kann die Körnermischungen jedoch auch selbst zusammenstellen (siehe S. 79).

Bei einem ausreichend großen Garten kann man überlegen, auch Getreide selbst anzubauen: So ist z. B. Hirse bestens geeignet, denn mitunter vermehrt sie sich invasiv! Auch der Anbau von Mais (Wachteln lieben die jungen, saftigen Kolben!) Amarant, Buchweizen lohnt sich, wenn der Garten dafür die notwendige Größe aufweist.

Nahrungsergänzung: Beikräuter & Wildkräuter

Zusätzlich können verschiedene andere Grünpflanzen zur Nahrungsergänzung auf die Einstreu gelegt werden.

Wachtelhalter werden sich nie mehr über so genanntes „Unkraut" im Garten ärgern: Wachteln lieben auch Beikräuter (wie z. B. Vogelmiere, Giersch) und Wildkräuter, die auf Wiesen und in Wäldern gesammelt werden können. Denn was ihren frei lebenden Verwandten gut tut, ist auch für Haustier-Wachteln artgerechtes Futter! Mit ihren wertvollen Inhaltsstoffen (Vitamine, Spurenelemente) und ätherischen Ölen haben Wildkräuter auf Menschen wie auf Tiere positive, heilsame Wirkung und können Krankheiten vorbeugen. All diese Kräuter können frisch oder getrocknet, einzeln, abwechselnd oder gemischt angeboten werden und auf die Einstreu gegeben werden.

Besonders geeignete Grünpflanzen zur Nahrungsergänzung

Vogelmiere
Löwenzahn
Gras
Klee
Giersch
Spitzwegerich (die Samenrispen!)
Gänseblümchen

TIPP! Wirksam gegen Parasiten

Von meinen Wanderungen durch unsere heimischen Wälder bringe ich immer Farnwedel vom Gewöhnlichen Wurmfarn *(Dryopteris filix-mas)* mit und trockne sie. Bei Bedarf zerbrösle ich die getrocknete Heilpflanze im Wachtelquartier. Der Wurmfarn weist erfolgreich Hautparasiten ab. Verantwortlich für diesen Effekt sind die im Blatt enthaltenen Muskel- und Nervengifte Filixsäure und Filmaron, die den Wachteln nicht schaden, sondern nur die Parasiten vertreiben.

WACHTELN KAUFEN

Wachteln werden in Europa häufig gehalten, sodass die Anschaffung von Tieren oder Bruteiern kein Problem darstellt. Auf zahlreichen Internetplattformen bieten Hobbyzüchter Lege- oder Mastwachteln bzw. Bruteier an. Um Züchter in Ihrer Region zu finden, besuchen Sie die Portale im Internet oder suchen Sie gezielt in den Kleinanzeigen regionaler Tages- und Wochenzeitungen.

In Tierbedarfsgeschäften können Sie sich ebenfalls erkundigen. In ländlichen Regionen kennen sich die Menschen untereinander und sprechen Empfehlungen aus. Mitunter existiert in Fachgeschäften eine Tafel, auf der diverse Gesuche bzw. Angebote ausgehängt werden.

DIE ANSCHAFFUNG VON TIEREN

Erwachsene Tiere sind relativ preiswert erhältlich. Im Durchschnitt kostet eine Wachtel etwa 5 Euro. Nur Zuchttiere sind deutlich teurer. Man erkennt sie am Fußring.

Vorzugsweise wählt man einen Züchter aus der Region aus, weil dadurch der Transportweg kurz und der Transportstress für die Tiere gering gehalten wird. Zum Transportieren eignet sich ein einfacher, entsprechend großer Karton. Damit die Wachteln während des Transportes nicht ersticken, wird dieser mit Löchern versehen. Der Boden wird zuvor mit Heu oder Sägespänen bedeckt. Futtermittel und Wasser sind während des Transportes nicht erforderlich.

Bei großer Hitze sollte jedoch aus Rücksicht auf das Tierwohl der Transport auf die Morgen- oder Abendstunden verlegt werden.

Worauf Sie achten müssen

Züchter und Haltungsmethoden

Vor Ort (oder besser schon telefonisch zuvor) sollte der Züchter bezüglich seiner Haltungsmethoden befragt werden. Die Brut und die Aufzucht sind recht einfach, sodass es viele Hobbyzüchter gibt, die leider ihr Augenmerk nicht immer auf das Tierwohl legen.

Die zum Kauf angebotenen Wachteln sollten grundsätzlich sehr sorgfältig angesehen und eine zeitlang beobachtet werden: Mitunter weisen Wachteln Verhaltensstörungen auf, die aus sehr mangelhaften Haltungsbedingungen resultieren. Diese Verhaltensstörungen können sogar zu Kannibalismus führen.

Verschmutzungen an den Zehen lassen einen Rückschluss auf eine schlechte Haltung zu: Werden die Quartiere nicht oft genug gereinigt, können an den Enden der Zehen Kotballen haften. Das sind mitunter erbsengroße oder größere kreisrunde Gebilde. Diese Kotballen können auf einfache Weise entfernt werden: Der betreffende Fuß wird so lange in eine Schale mit zimmerwarmem Wasser getaucht, bis der Schmutz sich vollgesogen hat. Durch einen leichten Zug am Ballen kann er einfach entfernt werden. Falls die Zeit zum Einweichen nicht ausgereicht hat und der Schmutz sich nicht durch einen sanften Zug entfernen lässt, noch einmal eintauchen. Der Kotballen darf keinesfalls einfach so abgerissen werden! Es besteht dabei die Gefahr, dass dadurch der Nagel ausgerissen oder gar der Zeh verletzt wird.

TIPP! Vertrauenswürdige Züchter

Falls Sie unsicher sind, fragen Sie den Züchter, ob er Ihnen auch später noch beratend zur Seite steht. Sein Einverständnis ist ein gutes Zeichen.

Alter der Wachteln

Nach der Auswahl der Tiere und noch vor der Kaufentscheidung ist es wichtig, das Alter der Tiere in Erfahrung zu bringen. Das Alter der Wachteln erkennt man gut an der Länge der Zehennägel, an deren Form sowie an der Farbe der Beine.

Jeder Züchter bietet Wachteln unterschiedlicher Altersgruppen an. Die Lege-

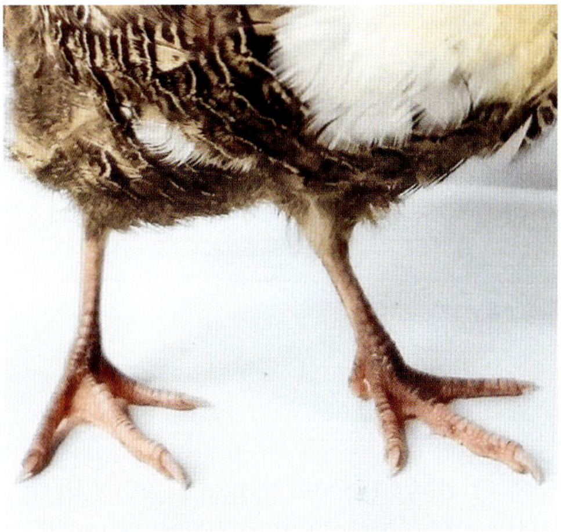

Die Füße einer jungen, gesunden Wachtel sind hautfarben, die Nägel sind kurz. Ältere Tiere weisen längere Nägel auf, die Haut der Füße wird von einem schuppenpanzerartigen Überzug verdeckt.

leistung und die Lebenserwartung älterer Wachteln ist begrenzt. Wenn man zeitnah Wachteleier haben möchte, sollte man „legereife“, mindestens 12 Wochen alte Wachteln kaufen.

Wer Wachteln in erster Linie zur Fleischgewinnung halten möchte, kann auch jüngere Tiere kaufen. Kauft man männliche Küken, kann man zusätzlich sparen (Preis zum Zeitpunkt der Drucklegung dieses Buches: rund 1 Euro pro Küken). Diese erreichen unter guten Hobbyhaltungsbedingungen (Körnerfutter sowie Grünfutter, Gemüse- und wenig Obstreste) in etwa 12 Wochen die Schlachtreife.

In der kommerziellen Wachtelhaltung (spezielles Futter, Bewegungsmangel, künstliche Beleuchtung zur Verlängerung des Tages und gleichmäßige Temperatur) erreicht eine Wachtel etwa 8 Wochen nach dem Schlupf ihr Schlachtgewicht bzw. die Legereife.

TIPP!

Mastwachteln (mitunter werden hierfür Hühner mit Wachteln gekreuzt), die schlachtreif etwa doppelt so viel wiegen wie Legewachteln, sind nicht unbedingt die bessere Wahl, weil der delikate Geschmack einer zubereiteten Wachtel allein dadurch, dass das Tier größer ist und einen höheren Fleischanteil liefert, nicht übertroffen wird. Die Japanwachtel ist mit Abstand die beste Wahl, wenn es um Eier und Fleisch geht.

Gesundheitlicher Zustand der Wachteln

Erkundigen Sie sich vor dem Erwerb von Wachteln, ob diese Tiere gegen Krankheiten geimpft wurden – die meisten Züchter impfen das Geflügel gegen diverse Geflügelkrankheiten. Davon abgesehen sollten die Tiere augenscheinlich gesund sein, denn mangelernährte Tiere z. B. sterben nicht nur früher und bringen deutlich weniger Leistung, sondern sie sind auch anfälliger für Krankheiten und reagieren negativ auf Stress. Ebenso besteht beim Erwerb die Gefahr, dass Milben eingeschleppt werden. Diese verbreiten sich im gesamten Bestand (sofern schon Wachteln oder anderes Federvieh vorhanden sind) und auch in der Wohnung. Milben können auch den Menschen befallen. Sie sind für den Menschen unschädlich, es ist aber schwer, sie wieder loszuwerden.

Woran Sie eine gesunde Wachtel erkennen

Nehmen Sie eine Wachtel in beide Hände und fühlen Sie den Fleischanteil. Bei gesunden, gut ernährten Wachteln fühlen Sie keine Knochen. Eine Wachtel fühlt sich warm und weich an. Eine gesunde Wachtel weist zudem ein glattes Gefieder auf, sie hat einen klaren Blick und versucht, sich aus der Umklammerung der Hände zu befreien.

Wachteln, deren Kloake (After) verschmutzt ist, sollten auf keinen Fall gekauft werden. Ein verschmutzter After (die Federn um diesen herum sind verklebt bzw. verkrustet) weist auf eine Darminfektion infolge mangelhafter Nahrung oder sogar auf einen Bakterienbefall hin.

Das Fehlen von Federn kann ein Hinweis auf eine Erkrankung sein oder ist als ein Hinweis auf eine Unart zu verstehen, die aus schlechten Haltungsbedingungen resultiert. Denn unter schlechten Haltungsbedingungen picken sich die Wachteln die Federn und manchmal die Augen aus. Außerdem weisen Tiere aus einer schlechten Haltung häufig Milbenbefall auf.

Zum Glück gibt es kaum Hobbyzüchter, bei denen man derartig beeinträchtigte Wachteln angeboten bekommt.

Geschlecht der Wachteln

Ein weiteres Problem ist die Unterscheidung des Geschlechts. Denn wer Legewachteln möchte, kann keine Hähne gebrauchen!

Geschulte Personen können an der Zeichnung des Gefieders das Geschlecht bestimmen. Einsteiger können das in den wenigsten Fällen. Um einer eventuellen Übervorteilung vorzubeugen, empfiehlt sich die Prüfung des Geschlechts.

Eine sehr einfache Methode besteht darin, das Geschlecht durch eine kurze Überprüfung der Kloake festzustellen.

Folgendes Verfahren wird zur Überprüfung empfohlen:

1. Die Wachtel vorsichtig in beide Hände nehmen und in Höhe des Bauch-Brust-Bereiches halten. Der Kopf des Tieres zeigt nach oben. Darauf achten, die Wachtel nicht zu fest zu halten, denn wenn der Druck der Umklammerung von den Tieren als zu fest eingestuft wird, wehren sie sich dagegen und stoßen Töne aus. Im schlimmsten Fall empfinden sie erheblichen Stress, sodass die Atmung gesteigert wird und die Tiere nach kurzer Zeit mit geöffnetem Schnabel um Luft ringen. Sobald die in den Händen befindliche Wachtel schrille Pfeiftöne erzeugt und sich energisch gegen die Umklammerung der Hände zur Wehr setzt, das Tier auf den Boden oder zurück in das Quartier setzen. Die Wachtel erst nach einer gewissen Beruhigungszeit wieder in die Hände nehmen.

Werden Wachteln richtig gehalten, reagieren die Tiere entspannt und lassen das anstehende Prozedere friedlich über sich ergehen.

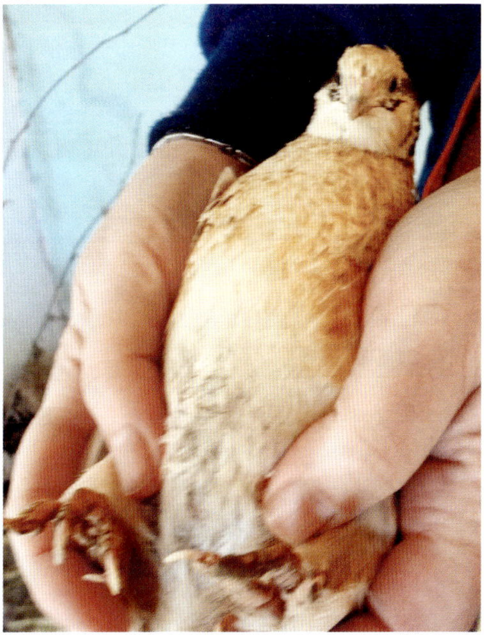

2. Danach das Tier umdrehen, sodass der Schnabel in Richtung der Füße zeigt.
3. Mit Daumen und Zeigefinger die Federn am Körperende scheiteln, sodass der After (die Kloake) zu sehen ist.

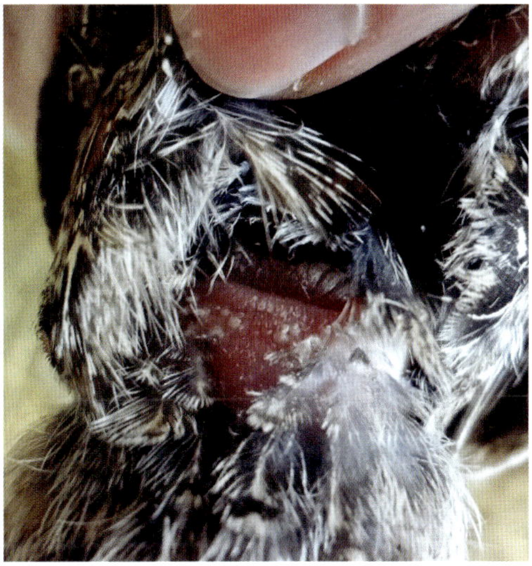

4. Sobald die Körperöffnung gut erkennbar ist, mit Daumen und Zeigefinger einen sanften Druck, (nicht fester als beispielsweise der prüfende Druck, ob eine Tomate oder Kakifrucht reif ist) auf die Partie um die Körperöffnung ausüben, die entgegengesetzt des Schwanzes liegt. Auf den leichten Druck hin tritt bei männlichen Tieren ein weißes schaumartiges Gebilde aus der Körperöffnung. Dabei handelt es sich um ein Sekret, das aus der Schaumdrüse austritt und eine wichtige Funktion bei der Befruchtung der Hennen hat.

Falls dieser weiße, an Eischnee erinnernde Schaum abgestreift wird oder herunterfällt, kein Problem: Es handelt sich lediglich um ein schaumartiges Sekret, das der Hahn ohnehin nach jeder Befruchtung absondert.

TIPP! Weiblich oder männlich?

Falls Sie die Geschlechtsüberprüfung nicht selbst machen wollen, bitten Sie den Züchter um diesen Gefallen. Jeder seriöse Züchter wird Ihnen gerne diesen einfachen Beweis erbringen und auf diese simple Weise zeigen, dass er Ihnen tatsächlich Hennen verkauft und nicht etwa Hähne unterzuschieben versucht.

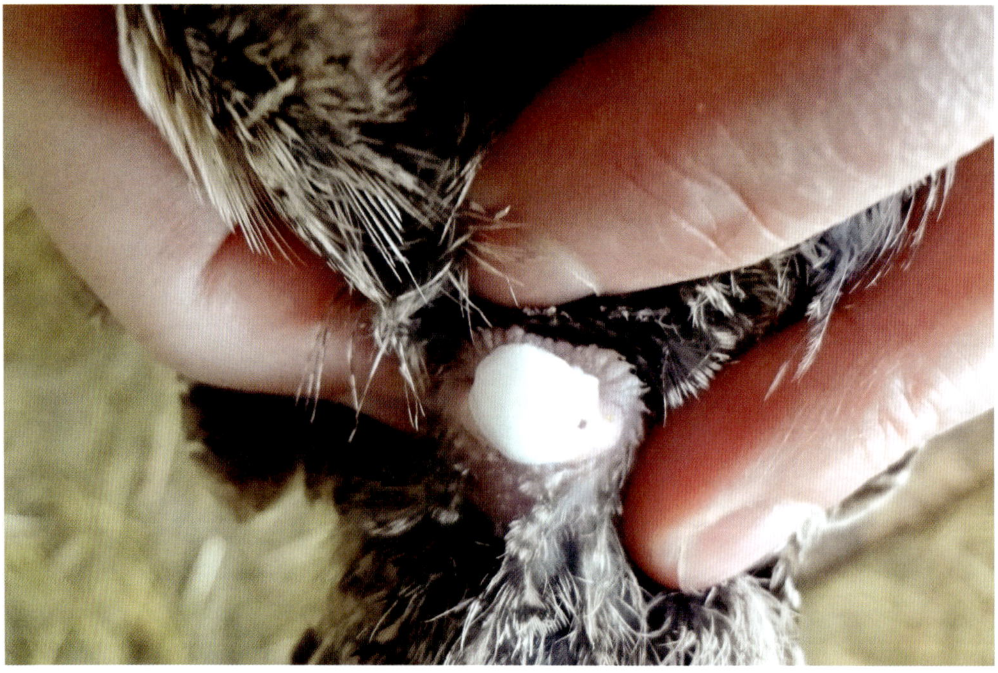

Man nimmt an, dass der Hahn nach der Paarung mit diesem Sekret der Schaumdrüse die Kloake der Henne vorübergehend verschließt, um die Wahrscheinlichkeit einer Befruchtung zu erhöhen. Wissenschaftlich fundiert ist diese These nicht.

DIE BRUT

Für Tierfreunde und insbesondere Wachtelzüchter gibt es vermutlich nur wenige schönere Momente, als Küken beim Schlüpfen beobachten zu können und diese kleinen Wesen dann heranwachsen zu sehen. Deshalb ist es auch für Hobby-Wachtelhalter empfehlenswert, sich mit diesem Thema zu beschäftigen und zu überlegen, ob man das Abenteuer „Wachtelbrut“ in Angriff nehmen möchte.

In der Brut wird zwischen einer natürlichen und einer künstlichen Brut differenziert. Da Wachteln, die kommerziell oder als Haustiere gehalten werden, die Naturbrut mehr oder weniger verlernt haben, erfolgt das Brüten fast ausschließlich mithilfe eines Brutapparates, also auf künstliche Art. Dennoch soll vorab auch die natürliche Brut beschrieben werden.

DIE NATÜRLICHE BRUT

Bei den Hühnern ist es so, dass sich eine eierlegende Henne im Normalfall im Verlauf von etwa 2–3 Wochen in eine Glucke, also in eine brütende und später Küken führende Henne verwandelt. In dieser Zeit schafft sie ein „Eier-Gelege“. Das bedeutet, sie legt Eier in eine Vertiefung, die wir „Nest“ nennen. Manchmal legen auch andere Hühner oder der Hühnerhalter Eier dazu.

Man erkennt eine „werdende“ Glucke eindeutig an ihrem Verhalten, sie gackert nicht mehr, sondern sie „gluckt“ (zur Nahrungsaufnahme und Kotabsonderung). Während dieser Zeit können ihr zusätzliche Eier ins Nest oder um das Nest herum gelegt werden. Dann beginnt die Glucke mit dem Brüten, indem sie sich auf die Eier setzt und diese beinahe 3 Wochen lang mit ihrem Körper wärmt. Sie legt ab dem Brutbeginn keine Eier mehr, dafür plustert sie die Federn auf. Ihre Körpertemperatur steigt. Eine Glucke verjagt den Hahn und andere Hennen, die sich nähern.

Bei Hühnern kommt es hin und wieder vor, dass Hennen ihre Eier auch noch in ein schon bebrütetes Gelege legen, während die Glucke zur Nahrungsaufnahme das Nest verlassen hat, was zur Folge haben kann, dass zu viele Eier im Nest sind oder unterschiedliche Schlupfzeiten daraus re-

sultieren. Brütet eine Glucke ein Gelege aus, das aus mehr Eiern besteht, als sie mit ihrem Körper wärmen kann, besteht die Gefahr, dass sich nicht alle Küken entwickeln. Während des Brütens wendet und rollt die Glucke die Eier immer wieder, damit alle gleichmäßig gewärmt werden, sich der Dotter nicht auf einer Seite festsetzt und sich in den Eiern gesunde Küken entwickeln. Verlässt die Glucke das Nest zur Nahrungsaufnahme, können die Bruteier überprüft werden.

Kurz vor dem Schlupftermin verlässt die Glucke das Nest nicht mehr. Die Ankömmlinge in den Eiern machen sich bei ihrer angehenden Hühnermama lauthals bemerkbar. Die Küken kommunizieren einige Tage vor dem Schlüpfen bereits mit der Glucke, die ihnen antwortet und auf diese Weise bereits eine Beziehung aufbaut und so auch erfährt, aus welchem Ei ein Nachkomme hervorgehen wird.

> **Seit meiner frühesten Kindheit bin ich mit Geflügel vertraut. Die Kreativität der gefiederten Muttertiere ist grenzenlos, und manche männlichen Vertreter beweisen ebenfalls eindrucksvoll, dass auch sie mithelfen können: Sie hocken sich gelegentlich auf die Eier oder sie wärmen die Küken. Mitunter verstecken die Glucken das Nest und tauchen erst wieder auf, wenn die Küken geschlüpft und bereit für die Erkundung der Welt bzw. hungrig und durstig sind. Dann springen die Küken mitunter aus halsbrecherischer Höhe (wenn z. B. der Brutplatz etwas erhöht, etwa auf dem Dachboden eines Heuschobers, gewählt war) der Glucke hinterher und folgen ihr auf Schritt und Tritt.**

Die Jungtiere von Hühnern werden „Küken“ genannt. Küken zählen generell zu den „primären Nestflüchtern“: Sie schlüpfen voll entwickelt und können nach kurzer Zeit bereits den Schutz des Nestes zur Nahrungssuche verlassen.

TIPP! Aufopfernde Muttertiere

Eine Glucke ist eine ausgesprochen liebevolle Mutter. Sie ist im wahrsten Sinne des Wortes bereit, ihr Leben für ihre Nachkommen zu opfern.

Brütende Wachtelhennen & Haushühner

Da es sehr selten vorkommt, dass eine nicht frei lebende Wachtelhenne brütet, fehlen in der Fachliteratur diesbezügliche Ratschläge. Die Informationen über brütende Wachtelhennen beruhen auf meinen eigenen Erfahrungen. Ich habe festgestellt, dass sich brütende Wachtelhennen vollkommen gleich verhalten wie brütende Haushühner. Jedoch glucken sie nicht, sondern sie stoßen laute und schrille Töne aus. Eine Brutwachtelhenne reagiert aggressiv, sobald andere Wachteln sich dem Nest nähern. Ich quartiere sämtliche Wachteln um, sodass die Brutwachtel ungestört brüten kann. Diese Maßnahme gewährleistet zusätzlich, dass keine andere Wachtelhenne nachträglich ein Ei in das Brutgelege einbringen kann. Die tägliche Versorgung der abgesonderten Brutwachtel behalte ich natürlich während der gesamten Brutdauer bei.

Brütende Wachtel, die sich mit Heu „tarnt“ – ein Verhaltensrelikt aus dem Erbe ihrer wild lebenden Verwandten.

Es ist ein großes Glück, wenn eine Wachtel wirklich einmal brütet. Aber es ist auch eine Herausforderung, dafür zu sorgen, dass am Ende die Küken auch wohlbehalten das Licht der Welt erblicken.

Leider haben die meisten Wachtelrassen, da sie für das Eierlegen gezüchtet wurden, die Naturbrut verlernt, sodass die Zucht oder Vermehrung von Wachteln in der Regel künstlich erfolgt.

DIE KÜNSTLICHE BRUT

Wenn Sie sich dafür entscheiden, Küken mithilfe eines Brutapparates auszubrüten, müssen Sie über einige Dinge informiert sein:

Woran zu denken ist

1. Brutapparat auswählen und besorgen (kaufen oder jemanden ausfindig machen, der einen Brutapparat besitzt und herborgt)
2. Bruteier beschaffen und die Brut starten (siehe S. 93–94)
3. Informationen einholen über Bruttemperatur und Brutverlauf
4. Informationen einholen über Schlupfphase und Hilfestellung beim Schlüpfen

Für die künstliche Brut ist ein Brutapparat erforderlich. Wachteleier mit einem Brutapparat auszubrüten, stellt wirklich weder eine Kunst noch eine Herausforderung dar. Jedem, der schon immer einmal erleben wollte, wie ein Küken aus dem Ei schlüpft, ist die Anschaffung eines Brutapparates zu empfehlen. Es gibt bereits recht kleine Brutapparate, die relativ preiswert sind und dem Hobbyzüchter gute Dienste leisten.

HINWEIS! Kein Ersatz möglich

Ein Brutapparat lässt sich nicht durch irgendwelche Behelfsmittel wie eine kuschlig warme Wolldecke oder eine wohlig warme Gummiwärmflasche ersetzen!

Die Vorbereitung der künstlichen Brut

Der Brutapparat wird an einen erschütterungsfreien, ruhigen, hellen und von Elektrosmog verschonten Platz gestellt. Bei frei laufenden Haustieren in der Wohnung muss dafür gesorgt werden, dass diese nicht an den Brutapparat gelangen können.

Ein 24-stündiger Probelauf, bei dem die Temperatur und die Luftfeuchtigkeit eingestellt und mit einem Therm-Hygrometer kontrolliert werden, ist vor dem Einlegen der Bruteier sinnvoll. Dadurch kann man sicher sein, dass die Temperatur und Luftfeuchtigkeit stimmen (gegebenenfalls muss nachjustiert werden) und auch während der gesamten Brutdauer gewahrt werden.

Die Anschaffung von Bruteiern

Bruteier sollten am besten bei einem regionalen Profizüchter gekauft und selbst abgeholt werden. Eine Bestellung im Internet und sich die Eier zuschicken zu lassen, ist keine gute Idee. Denn während man bei vielen anderen bestellten Waren in der Regel einwandfreie Produkte bekommt bzw. Mängel sofort als solche erkennen und den Kauf widerrufen kann, ist das bei Bruteiern nicht sofort möglich. Ob die Brut mit den bestellten Eiern tatsächlich erfolgreich sein wird, hängt von einigen Umständen ab, auf die man wenig bis keinen Einfluss nehmen kann:

- Werden die Bruteier im Internet bestellt und treffen schließlich auf dem Postweg ein, dann ist keineswegs gewährleistet, dass der Transport „sanft“ und vorsichtig erfolgt ist: Ob das Paket im Zustellfahrzeug geschüttelt oder gestürzt wurde, ist nicht nachvollziehbar, was bedeutet, dass der Bruterfolg ausbleiben kann, obwohl bei der Brut alles richtig gemacht wurde.
- Wenn die Bruteier mangelhaft verpackt waren, können sie selbst bei vorsichtigem Transport leicht kaum sichtbare Risse bekommen. Auch in diesem Fall wird der Bruterfolg nicht eintreten.
- Das tatsächliche Alter der Bruteier ist nicht feststellbar. Weiters können die Bruteier aus Inzuchtlinien stammen, eventuell Verformungen aufweisen. Auch in diesem Fall kann ohne eigenes Verschulden der Bruterfolg ausbleiben oder die Küken sind möglicherweise nach dem Schlüpfen kaum lebensfähig oder missgebildet.

WICHTIG! Versand von Bruteiern

Wenn Bruteier tatsächlich bestellt und zugeschickt werden, sollte der Versand auf keinen Fall bei Temperaturen über 30 °C erfolgen! Die Verpackung sollte gewährleisten, dass die Eier Erschütterungen gut überstehen. Ein erfahrener Händler weiß, was zu tun ist. Fragen Sie ihn, bevor Sie die Eier bestellen, ob er diese wichtigen Punkte einhält und über ausreichende Erfahrungen verfügt.

Die Bruttemperatur

Bei der künstlichen Brut gibt es zwei Phasen: das Brüten und das Schlüpfen. Für die Brut wird der Brutapparat für die ersten 14–15 Tage auf 37,5–37,8 °C eingestellt und betrieben. Der Feuchtigkeitsgehalt im Brutapparat wird auf eine erforderliche Feuchtigkeit von 55–60 % für die Brut der Wachteln eingestellt. Für die restlichen 2–3 Tage wird die Schlupftemperatur ein wenig gesenkt (etwa um 0,2–0,3 °C), die Luftfeuchtigkeit hingegen wird auf 80 % erhöht.

Das Einlegen der Bruteier

Bevor die Bruteier in den Brutapparat eingelegt werden, müssen sie sorgfältig geprüft werden. Sie sollen

- eiförmig bzw. leicht birnenförmig sein,
- eine normale Größe haben,
- eine normale Pigmentierung aufweisen,
- eine glatte Schale ohne Fadenrisse haben,
- frei von Kotresten oder anderen Verschmutzungen sein und
- nicht älter als 1 Woche sein (bei einer Lagerung bei 12–15 °C).

Nur wenn die Bruteier einwandfrei sind und erst wenn der Brutapparat die erforderliche Bruttemperatur und die gewünschte Luftfeuchtigkeit erreicht hat, werden sie behutsam eingelegt.

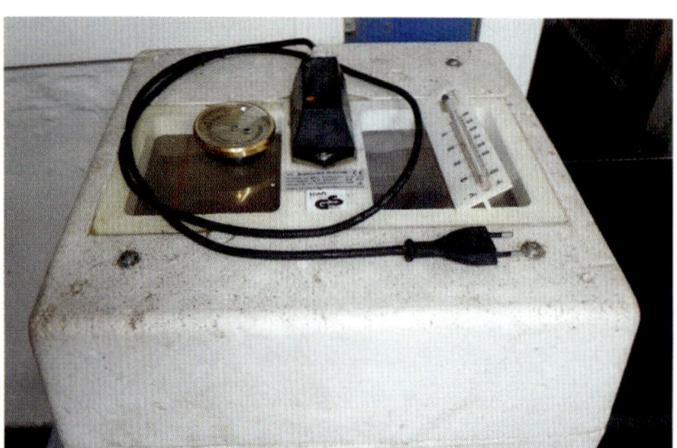

Der Brutverlauf

Die Brutphase

Die Brutdauer ist relativ kurz. Die künstliche Brut dauert 17–18 Tage. Nachdem die einwandfreien Bruteier in den Brutapparat eingelegt wurden, werden sie 14–15 Tage lang zweimal täglich gewendet. Dass die Temperatur dabei sinkt, ist normal und schadet den Eiern nicht: Die brütende Wachtelhenne muss das Nest zur Nahrungsaufnahme ja ebenfalls verlassen. Sobald der Brutapparat wieder geschlossen ist, muss beobachtet und kontrolliert werden, ob Temperatur und Luftfeuchtigkeit wieder stimmen.

HINWEIS! Eier wenden

Es gibt bereits Brutapparate, die eine automatische Wendefunktion haben. Für Personen, die nur wenig Zeit haben oder die intensiver in die Wachtelzucht einsteigen wollen, sind derartige Brutapparate empfehlenswert.

Nach Ablauf dieser ersten zweiwöchigen Phase wird die Schlupftemperatur für die kommenden 2–3 Tage wie bereits beschrieben marginal um 0,2–0,3 °C gesenkt, während die Luftfeuchtigkeit nun auf 80 % erhöht wird. Die gesenkte Temperatur soll den „Kraftakt", den die Küken bewältigen müssen, um sich aus dem „Gefängnis" zu befreien, etwas erleichtern. Ebenso soll die erhöhte Luftfeuchtigkeit die Eischale aufweichen.

WICHTIG! Unterkunft & Futter für Küken

Bevor die Küken schlüpfen, sollte das Kükenheim vorbereitet und an das Futter für die Winzlinge gedacht werden.

Die Schlupfphase

Auch im Brutapparat machen sich die noch nicht geschlüpften Küken bereits bemerkbar, als ob sie wie bei der natürlichen Brut mit ihrer brütenden Mama kommunizieren wollten. Nicht nur Kinderherzen schlagen höher, wenn die piepsenden Stimmen der Küken aus den noch geschlossenen Eiern ertönen! Sie sind so gewaltig, dass jeder, der kein Ohrenleiden hat, sie bei geschlossenem Deckel außerhalb des Brutapparates hört. Bei aller Begeisterung sollte so kurz vor dem Schlupftermin der Brutapparat nicht mehr geöffnet werden.

Zu Beginn des Schlupfes brechen die stärksten Küken aus der Enge des Eies aus. Jetzt kann man beobachten, dass das Gefieder einer richtigen Glucke nicht durch einen Brutapparat ersetzt werden kann: Obwohl die hummelgroßen Küken völlig erschöpft sein müssen, krabbeln sie piepsend über die im Schlupf befindlichen Eier und suchen fortwährend die Federn der Mutter, in die sie kriechen können. In einem Flächenbrüter werden dabei die Eier bewegt, aus denen weitere Küken schlüpfen wollen. Es kann durchaus vorkommen, dass die suchenden Küken dadurch ein Ei, das vom Küken bereits teilweise zum Ausstieg geöffnet wurde, auf diese Öffnung drehen, was den Fortgang des Schlupfes erschwert. Sobald die Flaumfedern der Küken getrocknet sind, werden sie zügig aus dem Brutapparat entnommen und in das Kükenheim umgesetzt.

Die im Brutapparat verbliebenen Eier werden so lange beobachtet, bis alle Küken geschlüpft sind. Es muss Geduld an den Tag gelegt werden, denn die Zeit des Schlüpfens kann manchmal 1–2 Tage dauern. Während dieser Zeit wird weder die Temperatur noch die Luftfeuchtigkeit im Brutapparat verändert.

HINWEIS! Eier, die ganz bleiben

Nicht in jedem Ei steckt ein Küken. Und nicht jedes Küken verfügt über genügend Ausdauer, um sich aus dem Gefängnis zu befreien. Mitunter sterben Küken im Ei ab. Es kommt auch vor, dass die Küken zu erschöpft sind, um sich restlos zu befreien. Schwache Küken kann man beim Schlüpfen durchaus unterstützen.

Die letzten Eier, die sich nach Verstreichen dieser Zeitspanne noch im Brutapparat befinden, können einzeln in Augenschein genommen werden. Jedes Ei, das nicht von einem Küken angepickt wurde (erkennbar an einem kleinen Loch in der Schale) wird dicht ans Ohr gehalten. Falls ein schwaches Klopfen des Kükens gegen die Schale zu hören sein sollte, wird das Ei vorsichtig in den Brutapparat zurückgelegt und weiter beobachtet. Es empfiehlt sich, die Eier, in denen nichts zu hören ist, auf eine Seite des Brutapparates zu legen und die anderen auf die andere Seite.

Hilfeleistung beim Schlüpfen

Wenn ein Klopfen im Ei zu hören gewesen ist, aber nach Verstreichen von etwa 2 Stunden das Küken die Eischale noch immer nicht aufgepickt hat, wird wieder gelauscht, ob das Klopfen im Ei schwächer geworden oder gar zum Erliegen gekommen ist. Ein Grund dafür kann sein, dass das Küken kurz pausiert, um Kräfte zu mobilisieren. Eine andere Möglichkeit ist, dass es abstirbt oder bereits abgestorben ist.

Ein gerade geschlüpftes Küken ist noch nass und braucht dringend Wärme, deshalb so lange im Brutapparat lassen, bis die Flaumfedern getrocknet sind.

Im Falle, dass schwaches Klopfen zu hören war, kann an der Stelle, wo das Klopfen ertönte, das Ei sehr behutsam angeschlagen werden, um dem Küken zu helfen: Ich verwende den Rücken eines kleinen Küchenmessers dafür und schlage ganz vorsichtig damit auf die Schale. Diese darf lediglich minimal einreißen. Danach kratze ich mit dem Fingernagel über die angeschlagene Eischale und versuche so, die Eischale weiter zu beschädigen und schließlich ein winziges Stück Eischale zu entfernen. Das Ei muss während dieser Prozedur warm bleiben. Sobald ein Loch im Ei klafft, durch das ich das Küken sehen kann, kann ich feststellen, ob es lebt.

Je nach der Reaktion des Kükens entscheide ich, ob ich weiterhin helfe oder ob das Küken nun alleine schlüpfen kann. Wenn das Küken kaum piepst und sich nur marginal bewegt, dann vergrößere ich vorsichtig das Loch, damit das schwache Küken schlüpfen kann. Das Wichtigste dabei ist, das Küken auf keinen Fall zu verletzen! Es kann nämlich passieren, dass die Eihaut mit den Flaumfedern verklebt ist und beim Auspellen, also beim Entfernen der Eischale und der Eihaut auch ein Teil der Flaumfedern nebst der Haut vom Körper gerissen wird! Falls doch eine marginale Blutung auftritt, lege ich ein Stück Küchenpapier auf, wodurch die Blutung sofort gestoppt wird, denn das Küken darf nicht bluten!

Achtung – Vorsicht geboten!
In der gängigen Literatur wird die Unterstützung beim Schlüpfen kaum erwähnt. Der Grund dafür könnte sein, dass die Hilfestellung beim Schlüpfen eine echte Herausforderung darstellt und das Auspellen des Kükens aus dem Ei für das Küken absolut gefährlich ist. Aber wie ich aus eigener Erfahrung weiß, ist es möglich, vorausgesetzt, der Schlupfhelfer verfügt über eine gut ausgeprägte Feinmotorik.

Wenn aber das Küken energisch piepst und sich kraftvoll bewegt, ist anzunehmen, dass das Küken es allein schafft, und ich lege das Ei zurück in den Brutapparat. Ich beobachte, was in der nächsten Stunde passiert. Falls sich in dieser Zeit nichts weiter tut, ist anzunehmen, dass das Küken zu erschöpft oder zu schwach ist. Dann nehme ich das Ei und entferne äußerst behutsam ein weiteres, jetzt größeres Stück der Eischale, unmittelbar an der Stelle, wo ich bereits das erste Stück entfernt habe. Ich habe in solchen Fällen erlebt, dass sich das Küken heftig bewegt. Es scheint zu spüren, dass es sich bald befreien kann. Ich entferne vorsichtig weitere winzige Stücke der Eischale.

Sobald die Küken, die Unterstützung beim Schlüpfen gebraucht haben, im Brutapparat getrocknet sind, kommen diese zu den anderen ins Kükenheim.

Der Brutapparat wird nach der Brut gründlich gereinigt und anschließend auch desinfiziert.

HINWEIS! Entwicklung schwacher Küken

Dass Küken, die auf diese Weise aus dem Ei geschält werden (müssen), schwache Tiere und nicht lebensfähig sind, kann ich aus meiner Erfahrung heraus nicht bestätigen. Die Küken, bei denen ich Schlupfhelfer gespielt habe, entwickelten sich zum Großteil genauso wie die anderen Küken.

Was passiert mit den Hähnen?

Wer sich für den Erwerb eines Brutapparates entscheidet, sollte vorher gründlich überlegen, ob er imstande sein wird, die männlichen Tiere zu töten, weil diese männlichen Tiere spätestens mit dem Erreichen des Schlachtgewichtes geschlachtet werden müssen. Warum dieses grausam anmutende Vorgehen erforderlich ist, möchte ich kurz erklären. Wachtelhähne wollen sich ständig paaren, und die Hennen finden vor ihnen keine Ruhe. Sind nun überproportional viele Hähne im Bestand, stellt sich im Wachtelquartier keine Ruhe ein. Außerdem reißen die Hähne den Hennen die Federn aus. Zu viele Hähne bewirken also im Quartier unnötigen Stress, die Legeleistung bricht deshalb drastisch ein und auch die Fleischproduktion leidet. Darum werden Hähne am besten getrennt gehalten und mit Erreichen der Schlachtreife geschlachtet.

DIE AUFZUCHT DER KÜKEN

Während der Brutphase hat man genügend Zeit, sich auf die Aufzucht der Küken vorzubereiten. Dazu gehört in erster Linie natürlich, eine passende, artgerechte Unterkunft für die Winzlinge zu errichten und zweitens, für Kükenfutter zu sorgen, denn schon bald nach dem Schlüpfen braucht der Nachwuchs Nahrung.

WAS WACHTELKÜKEN BENÖTIGEN

Woran zu denken ist	
Kükenheim auswählen, bauen und vorbereiten	siehe ab S. 100
Wärmequelle kaufen	siehe S. 101
für Futter und Trinkgelegenheit sorgen: Trinkgefäß, Kükenaufzuchtfutter und Vollkornmehl sowie Blaumohn bereithalten, Kaffeemühle anschaffen ...	siehe S. 102
falls langfristig Wachteln gehalten werden, Ringe besorgen	siehe S. 111
für ausreichend Licht und Bewegungsfreiheit sorgen	siehe ab S. 103

Wachteln aus Naturbrut

Anders als die Jungen von beispielsweise Kaninchen und Katzen gehören Küken von Wild- und Hausgeflügel (Hühner, Enten, Gänse, Wachteln etc.) zu den Nestflüchtern. Das heißt, sobald sie sich aus der Eischale befreit haben und getrocknet sind, können sie gemeinsam mit der Mutter die Welt erkunden und auf Nahrungssuche gehen. Doch auch in diesem Fall muss man rechtzeitig für Futter und ein artgerechtes Quartier bzw. einen gut vor Raubtieren geschützten Auslauf sorgen.

Wachteln aus künstlicher Brut

Küken aus künstlicher Brut bedürfen vom ersten Tag an Ihrer Hilfe, die bei einer Naturbrut von der Mama geboten wird. Sie müssen während der gesamten Brutdauer die Temperatur und die Feuchtigkeit kontrollieren, die Bruteier regelmäßig wenden (falls Sie keinen vollautomatischen Brutapparat besitzen), eventuell kaputte Eier im Brutverlauf entsorgen. Auch nach dem Schlüpfen, wenn die eben geschlüpften Küken nach einer nur kurzen Verschnaufpause damit anfangen, sich im Brutapparat zu bewegen, weil sie in die Federn ihrer Mama schlüpfen wollen, müssen Sie aufpassen, dass sie sich nicht an den Teilen im Inneren des Brutapparates verletzen oder bei ihrer Suche nicht die anderen Eier beschädigen. Mitunter wenden die agilen kleinen Wesen sogar die Eier ihrer Artgenossen, was nicht vorteilhaft für die Schlüpfenden ist, da diese sich im Ei bereits mühsam in die entsprechende Positur gebracht haben und nun neuerlich einen Kraftakt vollbringen müssen. Das ist der Grund, warum agile und trockene Küken alsbald in das Kükenquartier umgesetzt werden sollten.

Falls Sie nun ein wenig besorgt darüber sind, ob Sie der Aufgabe auch gewachsen sind, dann möchte ich Sie beruhigen: Der einsetzende „Kükentsunami“ ist wirklich ein Grund zur Freude. Wem es bisher noch nicht spannend genug war, dem sei versichert, dass jetzt die aufregendste und schönste Zeit beginnt. Jetzt erfahren Sie etwas über die Geschöpfe, die ohne Ihr Zutun zum Frühstücksei geworden wären.

UNTERKUNFT, NAHRUNG UND WÄRME IN DEN ERSTEN TAGEN

Das Kükenheim für die ersten Tage

Für das Kükenheim benötigen Sie keinerlei handwerkliche Fähigkeiten: Eine ausgediente Schublade, ein Gefäß aus dem Haushalt (Kinderbadewanne), selbst ein Karton reichen für private Zwecke und die ersten fünf Tage vollkommen aus. Sobald die Flaumfedern der Küken getrocknet sind, sollten sie jeweils aus dem Brutapparat ins Kükenheim „umziehen“. Solange die Küken noch keine Federn besitzen, brauchen sie eine Wärmequelle (diese ist in der Naturbrut nicht erforderlich). Ich verwende dafür eine Rotlichtlampe als „wärmende Ersatzmama“. Am besten stellen Sie die erste Unterkunft in die Nähe des Brutapparates, weil dadurch die Nachzügler ständig und ohne Wärmeverlust aus dem Brutapparat in das Quartier umgesetzt werden können und Sie neben dem Brutapparat über elektrischen Strom verfügen, um die erforderliche Wärmequelle über dem Kükenquartier zu integrieren.

Wichtig ist auch, dass das Kükenheim und sämtliche Bestandteile sauber sind. Das Kükenheim kann für die ersten 1–5 Tage mit Küchenpapier ausgelegt werden. Das Futter kann darauf gestreut

Dieses Kükenheim ist eine ausrangierte Schublade eines Schranks.

werden. Dadurch ist die Reinigung sehr einfach. Eine flache Schale mit frischem, sauberem Wasser sollte etwas abseits der Wärmequelle aufgestellt werden, bis man die Temperatur den Bedürfnissen der Küken angepasst hat (siehe weiter unten). Sie glauben nicht, wie schnell die Küken wissen, dass sie dort trinken können.

Jedoch sind die Küken in den ersten Lebensstunden noch sehr unerfahren; es können sogar Todesfälle eintreten, wenn man nicht aufpasst. Zum Beispiel kann die flache, mit Wasser gefüllte Schale zur tödlichen Falle werden, weil das winzige Küken in das Wasser steigt, um seinen Durst zu stillen und dabei die Gefahr der Unterkühlung ignoriert. Eben war alles noch in bester Ordnung, und plötzlich liegt es lang ausgestreckt im Wasser, regt sich kaum noch oder ist bereits an Unterkühlung gestorben. Das Überwachen der Küken während der ersten Stunden ist entscheidend, deshalb sollte das Kükenheim an einem gut erreichbaren Platz stehen.

TIPP! Futter

Denken Sie daran, dass die Winzlinge in den ersten Tagen kaum Futter verbrauchen!

Wärme

In freier Natur geborene Wachtelküken verlassen bereits nach einigen Stunden das Nest und erkunden die Umwelt. Sobald sie ermüden oder ihnen kalt wird, kehren sie zur Wachtelmutter zurück, denn in den ersten 2–3 Tagen nach dem Schlupf sind die Küken sehr wärmebedürftig.

Im Brutkasten ausgebrütete Wachtelküken können sich nicht unter den kuschelig aufgeplusterten Federn der Wachtelmutter aufwärmen und brauchen daher künstliche Wärme als Ersatz. Es gibt im Handel mehrere künstliche Wärmequel-

Die Küken schlafen im Stehen. Die Infrarotlampe strahlt die Wärme bis auf den Boden, ähnelt quasi einer warmen Dusche, und die Küken fühlen sich wohl, auch wenn sie im Schlaf zusammensacken.

len für die Aufzucht von Küken. Ich benutze bei allen Jungtieren eine Infrarotlampe. Die Anwendung ist sehr einfach und erfolgt nach den Herstellerangaben. Durch Beobachtung der Winzlinge kann die Temperatur dem Wärmebedürfnis der Küken optimal angepasst werden: Ein Hinweis auf eine angenehm eingestellte Temperatur sind ruhige und friedlich unter der Wärmequelle schlafende Küken. Drängen sich die Küken von der Wärmequelle weg, ist ihnen zu heiß, drängen sie sich jedoch zusammen und „schreien", ist ihnen zu kalt. In beiden Fällen muss die Temperatur verändert werden.

Keine Einstreu für das Kükenheim!

Weil die Küken Futter aufzunehmen beginnen, sobald sie sich von der Strapaze des Schlüpfens erholt haben, dürfen keine Sägespäne oder ähnliches unverdauliches Material auf dem Boden des Kükenheims liegen! In Sägespänen befinden sich sehr viele Teile, die die winzigen Wachtelküken sofort aufnehmen würden. Fressen die Küken zu viel unverdauliches Material, verbleibt dieses im Kropf und sie müssen verhungern. Daher wird der Boden des Kükenheims in

Größenvergleich: hinten ein Hühnerküken, vorne Wachtelküken, jeweils 3 Tage alt.

den ersten fünf Tagen am besten mit trockenem Küchenpapier ausgelegt. Das Küchenpapier sollte mindestens täglich gewechselt werden. Die Reinigung ist sehr einfach.

Erste Wachtelküken-Nahrung

Um den Instinkt des Pickens zu fördern, wird auf dem Küchenpapier als erstes Futter für die winzigen Wachtelküken etwas Vollkornmehl oder fein vermahlenes Kükenaufzuchtfutter und ein wenig Blaumohn verstreut. Dies erfolgt bereits kurz

Wachtelkükenfutter gibt es bereits vermahlen zu kaufen. Es ist jedoch während der ersten Lebenswoche sinnvoll, dieses Futter in der Kaffeemühle noch feiner zu vermahlen.

nachdem die Küken in ihr Quartier gesetzt wurden. Wie schon erwähnt, wird frisches, sauberes Trinkwasser in einem möglichst flachen Gefäß, z. B. im Deckel eines Einweckglases, angeboten.

Im Handel gibt es Wachtelfutter pelletiert oder in einer Mischung aus unterschiedlichen Getreidekörnern. Während der ersten Lebenswoche ist dieses Futter jedoch zu grobkörnig für die Winzlinge. Die Küken können ganze oder zu grob gemahlene Körner nicht verdauen, weil sie noch keine Gelegenheit hatten, kleine Steine aufzunehmen, welche die Verdauung unterstützen.

Deshalb vertragen Wachtelküken am Anfang nur sehr fein vermahlenes Aufzuchtfutter, das ganz einfach in einer Kaffeemühle vermahlen wird.

Dieses unzerkleinerte Wachtelfutter ist vollkommen ungeeignet für Wachtelküken, da sie noch keine ganzen Körner aufschließen (verdauen) können. Die Körner werden dann unverdaut wieder ausgeschieden, und die Küken können sich nicht entwickeln.

UNTERKUNFT, NAHRUNG UND LICHT AB DEM 5. TAG

Nahrungsergänzung zur Stärkung

Eine gefährliche Zeit kann für die Küken nach dem Ende ihrer ersten Lebenswoche beginnen, die etwa bis zum Ende der dritten Lebenswoche andauert. Unter bestimmten Umständen können die Küken an einer infektiösen Bronchitis erkranken. Diese Krankheit wird von erkrankten Tieren (auch von wild lebenden Vögeln) durch ein Virus übertragen. Sie leiden im Fall einer Erkrankung unter Atemnot und frieren, mitunter husten und niesen sie. Ein sorgfältig zusammengestelltes Futter (siehe S. 107), das durch eine erhöhte Vitaminanreicherung das Immunsystem der Winzlinge stärkt, und der Aufenthalt an der frischen Luft und in der Sonne sind die beste Prophylaxe.

TIPP! Vitamine & mehr

Mit einem Brei aus Karotten, Weizenkeimen und Lebertran kann eine natürliche Vitaminversorgung der Küken gewährleistet werden.

Wärme und Licht zur Stimulation der Entwicklung

Nach fünf Tagen sind die Küken bereits sehr aktiv. Die Wärmequelle kann je nach Wetterlage und Standort stundenweise ausgeschaltet werden, nur während der Nacht sollte sie durchgehend eingeschaltet sein. Licht und Temperatur wirken sich in erheblichem Maß auf die Entwicklung der Wachteln aus und beeinflussen auch die Entwicklung der Eierstöcke bzw. der

Wenn es trocken und warm ist, können die Küken ab dem 2. Lebenstag ins Freie. Bereits nach kurzer Zeit haben sich die Küken beim Untersuchen des Grases und beim Scharren in der Erde verausgabt.

Hoden. Frische Luft, helles Tageslicht und Sonneneinwirkung – mit der Möglichkeit, Schatten aufsuchen zu können – sind optimal. Wenn Sie einen Balkon oder Garten haben, können Sie die Küken bei schönem Wetter bereits ab dem 2. Lebenstag (für kurze Zeit) nach draußen bringen. Bereits in diesem zarten Alter picken die Küken Insekten auf, beispielsweise Ameisen, oder sie zupfen an den zarten Blättern der Vogelmiere. Ich stelle zu diesem Zweck einfach einen Rahmen aus etwa 10 cm hohen Brettern im Garten auf, damit die Küken nicht weglaufen können, während ich mich der Pflege meines Gemüsegartens widme. Die Küken sind bereits nach etwa 30 Minuten erschöpft und sollten dann unverzüglich zurück in ihr Quartier gebracht werden. Sie piepsen dann sehr laut und drängen sich aneinander.

Im Freien können sich die jungen Wachtelküken mit lebensnotwendigen Stoffen versorgen, zum Beispiel nehmen sie winzige Steine auf, dank derer sie das angebotene Futter besser verwerten können, weil es im Magen mithilfe der Steinchen vermahlen wird. Der Aufenthalt im Freien gewährleistet zudem, dass die Küken sich in ihrer natürlichen Umwelt tummeln, wodurch sie sich reichlich Bewegung verschaffen und Sonne tanken können. Dies sind wichtige Indikatoren für eine gesunde Entwicklung der heranwachsenden Wachteln.

Etwa ab der 2. Lebenswoche beginnen die Küken mit dem Training ihrer Flügel. Sie haben bereits einen Teil des Flaumkleides gegen richtige Federn getauscht, und die Kleinen unternehmen die ersten „Flugversuche“. Wenn die Küken zu diesem Zeitpunkt noch in ihrem ersten Quartier sind, sollte dieses mit einem „Deckel“ versehen werden (z. B. mit einem Netz, einer selbst gebauten Abdeckungen aus Holz und Draht usw.). Die Hauptsache ist, dass Tages- und Infrarotlicht einfallen können und dass die Abdeckung bei Verwendung einer Infrarotlampe nicht brennbar ist.

Umsiedlung in ein „Erwachsenenquartier“

Nach 14 Tagen jedoch ist das erste einfache Kükenheim zu klein geworden, denn die Küken werden innerhalb von nur 8–10 Wochen erwachsen. Bereits im Alter von 2 Wochen siedeln sie also in ein „Erwachsenenquartier“. Welche Art von Quartier dies ist, hängt davon ab, ob die Wachteln in der Wohnung oder im Freien gehalten werden (verschiedene Wachtelquartiere und wie man sie selber bauen kann, sind ab S. 48 beschrieben).

Bei der Aufzucht von Wachtelküken ist – wie bei anderen Jungtieren auch – Hygiene grundsätzlich erforderlich.

Hygienemaßnahmen sind:
- regelmäßig Trinkgefäße reinigen
- regelmäßig Futtergefäße reinigen
- regelmäßig Streu auswechseln

Sollen die Küken auf dem Balkon oder im Garten gehalten werden, ist darauf zu achten, dass das Quartier bzw. der Auslauf ausreichend Schutz vor räuberischen Feinden bietet und die Wachtelküken darin nicht komplett der prallen Sonne ausgesetzt sind! Es muss für einen beschatteten Bereich gesorgt werden.

Außerdem müssen Futter und Wasser angeboten werden, denn die Küken fressen permanent. Das machen sie bereits bei ihrem ersten Ausflug ins Freie: Die Küken picken während des Spazierganges auf, was ihnen vor den Schnabel läuft bzw. fällt und das klein genug ist.

Künstlich ausgebrütete Küken verfügen ebenso über einen angeborenen Instinkt, sich bei Gefahr, Kälte usw. an das Muttertier zu kuscheln wie jene aus der Naturbrut – der Halter ist die „Ersatzmutter“. Wenn mit den noch im Ei befindlichen Küken gesprochen wird, wenn mit den geschlüpften Küken während ihrer Versorgung immer wieder geredet wird, kennen die Kleinen die Stimme ihrer „Ersatzmama“.

Diese Wachtelküken kuscheln sich an den wärmenden Fuß der „Mutter“.

Die Küken fressen, fressen, fressen ... so lange, bis kein Körnchen und kein Blättchen mehr in ihre Kröpfe passen. Sobald die Kröpfe prall gefüllt sind, wird ein Verdauungsschläfchen von vielleicht einer Stunde abgehalten. Nach dem Absetzen einiger Kothäufchen beginnt das Prozedere von vorne.

Nahrung, Grünfutter & Spielplatz ab dem 5. Tag

Wie auf dem Foto auf S. 102 ersichtlich ist, sind Wachtelküken im Vergleich zu einem gleichaltrigen Hühnerküken winzig. Selbst Rebhühner sind deutlich größer als Wachteln. Auch bestes Aufzuchtfutter wird diesen Größenunterschied nicht beseitigen. Trotzdem ist auch für Wachtelküken ein ausgewogenes Aufzuchtfutter, bestehend aus Körnermischungen und einem optimalen Angebot an Grünfutter, wichtig und wird für eine gute Entwicklung der Kleinen sorgen.

Optimale Kükennahrung – selbst gemacht.

Gekauftes Wachtelfutter gibt es als Körnermischung oder pelletiert. Das angebotene Futter muss nach wenigen Tagen nicht mehr so fein vermahlen werden. Bei pelletiertem Kükenaufzuchtfutter aus dem Handel empfiehlt sich dennoch eine Zerkleinerung mit der Kaffeemühle, da es sich dabei um Aufzuchtfutter für Hühnerküken handelt. Wer keine Kaffeemühle besitzt, kann dieses Futter in eine Tüte geben, diese verschließen und anschließend mit

Die Pellets sollten für Wachtelküken zerkleinert werden.

einem Steakhammer oder Nudelholz so lange bearbeiten, bis es die entsprechende Größe aufweist.

Am einfachsten ist es, handelsübliches Aufzuchtfutter zu kaufen. Ich mische jedoch das Futter für meine Wachtelküken oft selbst zusammen. Herkömmliches Vogelfutter eignet sich hervorragend. Dieses wird in der Kaffeemühle vermahlen.

Mein Erfolgsrezept

Vermahlene Körner wie Hirse, Buchweizen oder Weizen werden mit zerkleinerten Haferflocken, einem hart gekochten Wachtelei und einem Teelöffel Magerquark vermengt. Darunter mische ich fein gehackte Brennnesseln, Vogelmiere, Salat usw. – je nachdem, was gerade vorrätig ist.

Zusätzlich brauchen die Küken jetzt einen „Spielplatz". Ein ausgestochenes Grasbüschel mitsamt Wurzelballen und anhaftender Erde erweist sich in der Aufzucht als optimal. Neben dem Genuss ihres ersten frischen Grüns scharren und picken die jungen Wachteln in der Erde, suchen nach Insekten und Würmern und nehmen kleine Steine auf, die ihnen dabei helfen, später auch nicht zerkleinertes Körnerfutter zu verdauen.

Wer einen Garten hat, kann die Küken bereits nach wenigen Tagen kurz ins Freie bringen, etwas ältere Küken genießen längere Aufenthalte draußen.

WENN DIE KÜKEN DIE KINDERSTUBE VERLASSEN

Die Entwicklung der Wachtelküken verläuft rasant: Knapp zwei Wochen nach dem Schlupf beginnen sie mit ihren ersten Flugversuchen. Wenn die Küken wenige Wochen alt sind, beginnen sie, erwachsenen Wachteln immer ähnlicher zu werden, das betrifft ihre Ansprüche an Futter und Quartier (siehe oben) und auch ihr Verhalten. Innerhalb weniger Wochen werden sie geschlechtsreife und damit legereife Wachteln.

Vom Teenager zur legereifen Wachtel – Step-by-Step:	
erste Ausflüge ins Freie	ab 2. Lebenstag
Futterumstellung	ab 2. Lebenswoche
Auszug aus dem ersten Kükenheim	ab 2. Lebenswoche
erste Flugversuche	ab 2. Lebenswoche
längere Aufenthalte im Freien	ab 3. Lebenswoche
Sandbad einrichten	ab 8. Lebenswoche
ständige Umsiedlung in ein Quartier im Freien	ab 8. Lebenswoche
Geschlechts- bzw. Legereife	ca. ab 8. Lebenswoche

Futter

Die Entwicklung der Wachteln schreitet unerbittlich schnell voran. Haben Sie den Wachtelküken einen Aufenthalt im Freien ermöglicht? Dann benötigen Ihre Schützlinge bereits ab der 2. Lebenswoche kein vermahlenes Futter mehr. Küken, die aber nur in einem Quartier im Innenbereich aufwachsen, sollten noch 1–2 Wochen länger mit vermahlenem Futter versorgt werden. Danach können die Tiere mit handelsüblichem pelletiertem Legemehl gefüttert werden. Auch die Tränke kann nun durch ein größeres und tieferes Gefäß ersetzt werden. Im Handel gibt es Trinkflaschen für Heimtiere zu kaufen. Sollten Sie sich dazu entschließen, empfehle ich Ihnen, Ihre Wachteln zu beobachten: Nicht jedes Tier kann gleich auf Anhieb aus einer solchen Tränke trinken.

Die winzigen Wesen wachsen schnell und legen bereits in wenigen Wochen Eier.

Aufenthalt im Freien

Die ersten kurzen Ausflüge ins Freie können bei warmem Wetter ja bereits ab dem 2. Lebenstag erfolgen. Ab der 3. Lebenswoche können Wachteln, die später im Freien leben sollen, für längere Aufenthalte ins Freie gebracht werden – natürlich nur, wenn das Wetter dies erlaubt, das heißt, wenn die Außentemperatur mindestens 18 Grad beträgt und es nicht regnet. Dafür eignet sich wie ab S. 68 beschrieben z. B. ein vor räuberischen Tieren schützender Auslauf oder eine Voliere (ein „Vogelhaus"). Wer ein Gewächshaus besitzt, kann durchaus auch dieses nutzen. Das praktiziere ich alljährlich im Frühling, weil es darin schön warm für die Kleinen ist und die Wachtelküken sich unter diesen Bedingungen pudelwohl fühlen. Außerdem ist das Gewächshaus aus diesem Grund optimal für diese ersten längeren Ausflüge, weil Greifvögel die Wachteln nicht bei ihren ungeschickten Flugversuchen beobachten können (im Alter von 3 Wochen kann die Wachtel über 2 Meter hoch aufsteigen und etliche Meter weit fliegen). Falls Sie nun denken, dass die Anpflanzung durch die Wachteln in Mitleidenschaft gezogen wird, kann ich Sie beruhigen! Im Gegenteil: sämtliche Ameisen werden im Gewächshaus vertilgt. Das Gewächshaus ist natürlich nur eine Station zum Vorbereiten auf den Aufenthalt im Gehege oder im Vogelhaus.

Sonnenlicht und Frischluft für Wohnungswachteln

Zwar ist aus der kommerziellen Wachtelhaltung bekannt, dass die kleinen Hühnervögel sehr anspruchslos sind und auch mit geringem Platzangebot auskommen.

Der Kopf sieht noch ganz so aus wie bei einem Küken, doch am Gefieder erkennt man, dass die Kindheit der Wachtel sich dem Ende nähert.

Dennoch werden tierliebe Hobbywachtelhalter wollen, dass ihre Wohnungswachteln artgerecht aufwachsen und sich in einem möglichst geräumigen und naturnah gestalteten, hellen Quartier austoben können. Wie ab S. 51 beschrieben, eignen sich dafür Kartonunterkünfte, Quartiere, die aus leichten Materialien oder aus alten Möbeln gebaut werden. Auch Volieren (große Käfige) für den Innenbereich sind optimal.

Wichtig ist, dass die Wohnungswachteln ab der 3. Woche an einem geöffneten, hellen Fenster den Eintritt in ihre Jugend beginnen (die Unterkünfte müssen oben abgedeckt sein, weil die Wachteln sonst davonfliegen könnten).

Sandbad

Sobald das Federkleid angelegt ist, also etwa ab der 8. Lebenswoche, lieben Wachteln ein Bad im Sand oder in der Erde, weil das Gefieder gepflegt werden muss. Dieses Bad kann aus Sand oder Gartenerde bestehen und sollte so groß sein, dass es mindestens einer ausgewachsenen Wachtel reichlich Platz zum Ausbreiten ihrer Schwingen bietet.

DIE FARBSCHLÄGE DER KÜKEN & DAS GESCHLECHT

Aus den Bruteiern schlüpfen Küken mit unterschiedlichsten Färbungen – von dunkelbraun bis schwarz über hellgelb bis hin zu gelblich-weiß und schließlich auch bis hin zu schneeweiß. Welche Farbnuancen auftreten und wie sich die Wachtelküken auf dem Weg zur erwachsenen Wachtel farblich verändern, hängt von den Elterntieren und deren Vorfahren ab.

Wer sich auf die Wachtelzucht spezialisieren will, der sollte sich mit den Mendelschen Regeln vertraut machen: Wie unsere Haushühner besitzen auch die Wachteln 39 Chromosomenpaare, die sich in etwa in 30.000 Gene aufteilen. Dies bedeutet, dass neben den Elterntieren auch die Generationen davor ausschlaggebend für die unterschiedlichen Farbnuancen der Nachzucht sind.

Das Gefieder der Kükens erlaubt keinen Rückschluss auf deren Geschlecht.

Die differente Färbung der Flaumfedern verrät jedoch nichts über das Geschlecht der Küken – außer Sie sind ein „Sexser“: So lautet die Berufsbezeichnung für jene Menschen, die am Fließband stehen und die hübschen Küken aus der Hühnerproduktion in Augenschein nehmen und bereits kurz nach dem Schlüpfen in Sekundenschnelle das Geschlecht feststellen können. Bis also das Geschlecht an der Zeichnung des Gefieders unterschieden werden kann, bis dahin herrscht beim Hobbyhalter Gleichberechtigung. Das bedeutet, dass allen Küken die gleiche Fürsorge zuteil wird.

Das Geschlecht anhand der Geschlechtsreife erkennen

Wer Wachtelküken aufzieht, um später Legewachteln zu erhalten, wird natürlich daran interessiert sein, welches Geschlecht die Küken haben. Erfahrungsgemäß schlüpfen mehr weibliche als männliche Tiere. In der Regel ist das Verhältnis zwischen weiblichen und männlichen Tieren 60 % zu 40 %. Das bedeutet, dass aus 10 Bruteiern höchstwahrscheinlich 6 Hennen und 4 Hähne schlüpfen. Eindeutig unterscheiden kann man Hennen und Hähne jedoch erst, wenn sie geschlechtsreif sind. Dann können die Geschlechter anhand der Schaumdrüse (siehe S. 87–88) einfach unterschieden werden.

Das Geschlecht anhand des Gefieders erkennen

Etwa nach Ablauf der 3. Lebenswoche kann anhand des Gefieders bei Farbschlägen, die nicht gleichfarbig sind (wie z. B. weiße, braune, schwarze) das Geschlecht der Wachteln erkannt werden. Je älter die Tiere werden, desto stärker tritt dieser Unterschied zutage. Wildfarbige Wachteln, wie Goldsprenkel und deren Farbvarianten, können an der Gefiederfärbung des Hals-Brust-Bereichs unterschieden werden. Hähne haben einen abgesetzten Federkranz aus hellen und dunklen Federn (Kehlstrich), der unterhalb der Kehle verläuft (siehe Foto) und einen in dunkleren Tönen gefärbten Brustbereich. Das Gefieder des Brustbereichs bei den Hennen unterscheidet sich farblich nicht von dem des restlichen Gefieders, der Kehlstrich fehlt gänzlich.

Beringung zur Unterscheidung

Wenn Sie vorhaben, längerfristig Wachteln zu halten und selbst Tiere aufzuziehen, werden Sie verschiedenste Tiere haben: Hennen, Hähne, Jungtiere, Alttiere. Sie können mithilfe von verschiedenfarbigen Fußringen die Wachteln markieren und erkennen sofort, welcher „Gruppe“ das Tier angehört. Falls Sie die Wachteln beringen möchten, erledigen Sie dies in der 2.–3. Woche.

Weiblichen Tieren fehlt der Kehlstrich, der Brustbereich ist gleich gesprenkelt wie das übrige Gefieder.

Hähne haben einen farblich abgesetzten Kehlstrich, der Brustbereich ist dunkler gefärbt.

KRANKHEITEN

Über spezielle Wachtelkrankheiten gibt es leider wenig Fachliteratur, was wohl daran liegt, dass die kommerzielle Haltung der Wachteln (im Vergleich zu anderen Nutztieren) erst sehr spät eingesetzt hat. Nach meiner Erfahrung können ähnliche Krankheiten auftreten, wie sie auch bei anderen Hühnervögeln (dazu gehören unzählige Arten vom Haushuhn bis zu Wildgeflügel) auftreten.

KRANKHEITEN VORBEUGEN

Jedwede Tierhaltung verlangt vom Tierhalter, dass er für das Wohlergehen jedes seiner Tiere sorgt. Um den Ausbruch von Krankheiten zu vermeiden, ist die beste Möglichkeit eine naturnahe, artgerechte Haltung. Wesentlich für die Tiergesundheit ist weiters gesundes, abwechslungsreiches Futter, um einer Mangelernährung vorzubeugen und die Abwehrkräfte der Tiere zu stärken. Wenn bereits Wachteln gehalten werden und neue Tiere zugekauft werden, sollte man die zugekauften auf jeden Fall zunächst in Quarantäne getrennt von den bereits vorhandenen Wachteln halten.

GELEGENTLICH AUFTRETENDE GEFLÜGELKRANKHEITEN

Auch wenn bei einer guten Haltung folgende Krankheiten bei Wachteln eher selten auftreten, möchte ich Symptome und Behandlungsmöglichkeiten anführen, damit Sie im Fall der Fälle wissen, was zu tun ist.

Bronchitis

Infektiöse Bronchitis wird von erkrankten Tieren (auch wild lebende Vögel) durch ein Virus auf andere Tiere übertragen. An Bronchitis erkrankte Wachteln weisen eine erschwerte Atmung auf. Mitunter steht der Schnabel betroffener Tiere weit offen, Husten und sogar Niesen sind zu beobachten. Junge Tiere sind besonders gefährdet, an Bronchitis zu erkranken (siehe Seite 103). Sind legereife Hennen betroffen, sinkt die Legeleistung erheblich, mitunter verändert sich die Optik und Beschaffenheit der Eier (sie können eventuell eine sehr dünne Schale aufweisen). Vitamine, Sonne, frische Luft und eine gesteigerte Hygiene, besonders bei den Tränken und den Behältnissen für das Futter, ist angebracht und hilft den Tieren dabei, wieder gesund zu werden.

Kokzidiose

Der Name leitet sich von den einzelligen Parasiten (Kokzidien) ab, die vorzugsweise den Magen-Darm-Trakt befallen. Nicht nur Geflügeltiere können an Kokzidiose erkranken, sondern auch Säugetiere, Fische und Reptilien. In erster Linie werden Tiere befallen, die ein geschwächtes Immunsystem aufweisen.

Bei Wachteln sind die ersten Symptome ein ungepflegtes, mattes, oft auch feucht erscheinendes schmutziges Gefieder. Weiters sind Abgeschlagenheit und Appetitlosigkeit bemerkbar. Von Kokzidien befallene Tiere trinken sehr viel und haben einen schleimigen Durchfall.

Falls die Tiere gesundheitlich noch nicht zu sehr geschwächt sind, hilft ein Besuch bei einem Tierarzt weiter. Bei einer zweifelsfreien Diagnose verordnet er meistens ein Medikament, das über das Trinkwasser verabreicht wird. Nicht zu schwer erkrankte Tiere erholen sich erstaunlich schnell. Befolgen Sie unbedingt die Anweisungen des Veterinärs.

WICHTIG! Medikamente

Wachteln sind im Sinne der EU-Rechtsauffassung als kleine oder unbedeutende Tiere definiert. Der Fachausdruck hierfür lautet: *„minor species"*. Das bedeutet, dass es aufgrund der geringen Nachfrage nach Arzneimitteln für diese Tierart keine speziellen Medikamente gibt.

Legenot

Man erkennt die Legenot logischerweise zunächst daran, dass die betroffene Legewachtel keine Eier mehr legt. Oft lassen die daran leidenden Tiere die Flügel herabhängen und haben eventuell Pressanfälle. Weiters ist ein Mangel an Fresslust bemerkbar. Die Legenot kann durch eine Entzündung des Eileiters verursacht werden. Gelegentlich wird sie durch im Legedarm zerbrochene Eier oder durch Doppeldotter-Eier ausgelöst. Eine vorsichtige Massage des Bauches kann das Ei in die Position bringen, dass es gelegt werden kann. Einreiben der Kloake mit warmem Öl hilft beim Öffnen. Eventuell ist ein Tierarzt zu Rate zu ziehen, der das Ei in der Henne zerstört und die Bruchstücke birgt.

Andere Erkrankungen des Legeapparates

Auch an den Eiern können kranke Tiere erkannt werden: Zum Beispiel führt eine Entzündung der Eierstöcke zu einem „Fließei", das an dem fehlenden Eidotter zu erkennen ist.

Das sogenannte „Doppeldotter-Ei" ist ebenfalls ein Hinweis auf eine Störung bzw. Erkrankung des Legeapparates. Mitunter werden sogar „Drei-Dotter-Eier" gebildet, was jedoch zu einer lebensgefährlichen Legenot führen kann, weil das Legen derart überdimensionaler Eier anatomisch unmöglich ist und die Henne daran verendet, sofern nicht ein Tierarzt das Ei entfernt.

Kannibalismus

Der Grund für Kannibalismus sind mangelhafte Haltungsbedingungen, wie z. B. zu wenig Platz, zu wenig Futter, schlechte Lichtverhältnisse, keine Betätigungsmöglichkeiten oder Unterversorgung mit Mineralien und Vitaminen. Durch Beseitigung der Missstände und Selektion der betroffenen Tiere kann man das Problem beendet. Betroffene Tiere bedeutet in diesem Fall nicht, dass lediglich die Opfer des Kannibalismus notgeschlachtet werden müssen, sondern auch der oder die Täter.

HÄUFIG AUFTRETENDE GEFLÜGELKRANKHEITEN: HAUTPARASITEN

Leider sind Wachteln, wie auch andere Geflügelarten, anfällig für Hautparasiten. Die Haltungsform ist bei einem Befall durch Hautparasiten unerheblich, denn jeder in Freiheit lebende Spatz (sämtliche Wildvögel) kann befallen sein und Hautparasiten einschleppen. Leider ist jede Geflügelunterkunft ein perfekter Nährboden für Parasiten. Grundsätzlich ist ein Befall der Wachteln durch sämtliche Vertreter dieser Gattung sehr unerwünscht, weil die Tiere unter Juckreiz leiden und weniger legen. Die häufigsten Hautparasiten sind **Milben, Federlinge, Läuse und Flöhe**.

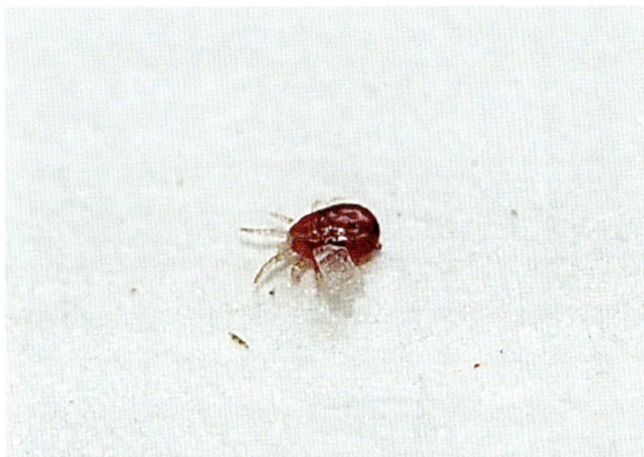

Rote Vogelmilbe

Vogelmilben

Vogelmilben *(Dermanyssus gallinae)* sind winzige und an Zecken erinnernde Tiere, die meist durch den Zukauf von Wachteln aus Beständen, in denen mangelhafte Haltungsmethoden herrschen, eingeschleppt werden. Die gefährlichste Art unter den Milben ist die Rote Vogelmilbe – ein blutsaugender Hautparasit (Ektoparasit). Ein starker Befall mit der Roten Vogelmilbe kann sogar zu plötzlichen Todesfällen beim Geflügel führen.

Der Größenvergleich mit einer Haselnuss macht deutlich, dass die Parasiten mit bloßem Auge kaum erkennbar sind, zumal ein dichtes Gefieder die Körper der Wachteln bedeckt.

Symptome und Auswirkungen

Der Befall mit Milben macht sich optisch durch ein zerrupftes Federkleid oder sogar durch weitreichenden Verlust des Gefieders bemerkbar, weil die betroffenen Wachteln unter Juckreiz leiden und ständig im Sandbad liegen. Durch das Aufwirbeln des Sandes bzw. der Erde mit den Flügeln und durch Strampeln und Scharren mit den Füßen verteilen sie den Sand energisch auf und im Gefieder bzw. versuchen sie permanent, die Parasiten mit dem Schnabel zu eliminieren. Dieses permanente Jucken und Krabbeln verursacht bei den Wachteln Stress und führt zwangsläufig zu einem Leistungsabfall. Milben können auch den Menschen befallen. Zwar sind sie für den Menschen unschädlich, der Befall äußert sich durch das unangenehme Gefühl, dass etwas Winziges auf einem herumläuft. Jeder Versuch, den Störenfried mit der Hand abzuwischen, schlägt fehl, da eine weiche Hand den kleinen Parasiten keinen Schaden zufügen kann und sie sich in den Hautporen verstecken. Gründliches Duschen mit anschließendem Wechseln der gesamten Garderobe verschafft erst einmal Abhilfe.

Wurden Milben durch zugekaufte Wachteln eingeschleppt, breitet sich der Befall im gesamten Bestand schleichend, aber stetig aus.

TIPP! Vorsicht bei Zukäufen

Wachteln unbedingt vor dem Kauf gründlich in Augenschein nehmen und den Anbieter diesbezüglich befragen.

Wachteln, die unter Milben leiden, wälzen sich im Sandbad, um ihren Juckreiz zu lindern.

Maßnahmen

Anfangs kratzen und picken sich die Wachteln gelegentlich. Häufen sich diese Anzeichen, empfiehlt sich zunächst eine Kontrolle des Quartiers. Milben findet man in schwer zugänglichen Ecken und Fugen. Am einfachsten kratzt man mit einem Löffel Schmutz aus solchen Bereichen und breitet diesen auf einem hellen Papier aus. Wenn bei dieser Maßnahme keine Milben auf dem Papier beim Herumkrabbeln entdeckt werden, sollten im nächsten Schritt die Wachteln überprüft werden. Diese Überprüfung ist relativ einfach. Da die Milben sehr klein sind, empfiehlt es sich, auch hierfür ein Blatt weißes Papier zu verwenden. Eine Wachtel wird bei guten Lichtverhältnissen auf ein Blatt Papier gestellt, und das Gefieder wird mit beiden Händen geschüttelt (etwa so, wie man seine Frisur mit den Händen in Form bringt).

Dabei fallen Staub und Schmutzteilchen aus dem Gefieder auf das Papier. Das Herausgefallene wird aufmerksam betrachtet. Falls die Wachtel von Milben befallen ist, bewegen sich winzige „Staubpartikel“, die in Wahrheit die Parasiten sind, über das Papier, wobei die Anzahl durchaus Aussagecharakter aufweist. Ist der Test positiv, sollte unverzüglich gehandelt werden.

Reinigung des Quartiers

Es ist nötig, das Wachtelquartier gründlich zu reinigen. Die Wachteln werden aus dem befallenen Quartier umgesetzt. Eine Kiste oder ein Karton leisten hierbei gute Dienste als „Übergangsbleibe“. Das Wachtelquartier wird vollkommen entleert. Es muss nicht zwangsläufig alles erneuert bzw. entsorgt werden. Auch ein Quartier, das aus Karton besteht kann mit Hilfe trockener Reinigungsmittel gereinigt werden. Die jeweiligen Quartiere können auf mehrere Weisen gereinigt werden:

Natürliche Mittel zur Quartierreinigung

- kochendes Wasser bzw. Hitze
- Kernseifenlauge
- Dampfreiniger
- Essig- und Knoblauchwasser
- Lavendel-Olivenöl-Emulsion
- Tee aus Farnkraut
- Kalk oder Kieselgurstaub

Kochendes Wasser: Sämtliche Teile des Quartiers, die mit kochendem Wasser in Berührung kommen dürfen, werden einfach damit gereinigt oder im Backofen auf über 100 °C erhitzt. Auf diese Weise werden Nissen und Parasiten effektiv abgetötet.

Kernseifenlauge: Diese kann selbst hergestellt werden, dazu 200 g Kernseife auf einem Hobel zerkleinern und in 1 Liter warmem Wasser auflösen. Wenn sich die Seifenflocken komplett aufgelöst haben und die Lauge abgekühlt ist, 200 ml Spiritus hinzufügen. Gut verrühren und anschließend die Flüssigkeit in eine leere Sprühflasche geben, das kann durchaus eine handelsübliche, bereits entleerte und gut gereinigte Sprühflasche (Fensterputzmittel oder Badreiniger) sein. Die Lauge gleichmäßig im Wachtelstall verteilen. Besondere Aufmerksamkeit sollte auf Fugen, Ecken und Kanten gelegt werden. (Achtung: Nicht zum Auftragen auf das Gefieder der Tiere geeignet!).

Dampfreiniger: Mit einem Dampfreiniger (oder zur Not mit einem Dampfbügeleisen) können die an den Wänden und auf dem Boden haftenden Milben problemlos abgetötet werden.

Essig- und Knoblauchwasser: Durch Einsprühen oder Waschen des Quartiers mit Essigwasser können die Milben zuverlässig getötet werden. Ritzen, Ecken und Fugen sind besonders gründlich zu reinigen. (Zubereitung siehe S. 118 und 119).

Lavendel-Olivenöl-Emulsion: Es handelt sich dabei um eine wässrig-ölige Mischung aus Olivenöl und Shampoo mit einem Tee, der aus grünen Pflanzenteilen oder getrockneten Lavendelblüten und -sprossteilen bereitet wurde. Dafür 1 Tasse starken Lavendeltee mit 1 Tasse Olivenöl verrühren und 1 Teelöffel Shampoo hinzufügen. Alles gut vermischen und damit die Holzteile des Quartiers reinigen.

Tee aus Farnkraut: 4–5 Farnwedel grob zerkleinern und in einem Topf mit 1 Liter kaltem Wasser 5 Minuten ansetzen und dann zum Kochen bringen. Der Tee sollte 5 Minuten kochen und weitere 5 Minuten ziehen. Nach dem Abkühlen in eine handelsübliche Sprühflasche füllen und die Wände, besonders die Ecken und Kanten, einsprühen und einwirken lassen.

Kalk oder Kieselgur: Wenn das Wachtelquartier nach der Reinigung restlos trocken ist, wird das Staubbad erneuert. Es empfiehlt sich, **Kalk oder Kieselgur** hinzuzufügen und unterzumischen. Kieselgur ist ein sehr feines Pulver, das aus den Skeletten von Kieselalgen gewonnen wird. Die Staubkörner sind hochgradig scharfkantig. Gelangen sie beim Staubbaden auf die Haut der Geflügeltiere, verletzen sich die Parasiten daran und sterben.

ACHTUNG: In geschlossenen Räumen, also bei der Wohnungshaltung, sollte das Quartier nicht mit Kieselgur ausgestaubt werden, da es sehr fein ist, die Raumluft belasten und zu Hautreizungen und Atemproblemen führen kann. Beim Ausbringen von Kieselgur in Ställen müssen alle Tiere aus den Ställen geschafft werden. Danach werden sämtliche Ecken und Winkel mit dem Pulver bestäubt. Atemschutz ist während der Arbeit erforderlich, empfindliche Personen sollten keine kurzen Hosen oder T-Shirts während dieser Arbeit tragen, da Kieselgur zu Hautreizungen führen kann.

WICHTIG! Verwendungshinweise prüfen

Achten Sie beim Kauf von Kieselgur unbedingt darauf, dass unter den Verwendungshinweisen der Einsatz im Stall und am Geflügel angegeben ist.

Hitze: Der Sand für das Staubbad muss nicht zwingend neu gekauft werden, stattdessen kann das alte Staubbad auf einem Backblech ausgebreitet und im Backofen auf über 100 °C erhitzt werden. Nach dem vollkommenen Abkühlen wird Kalk oder Kieselgur unter das „wärmebehandelte“ Staubbad gemischt, und es kann wieder ins Wachtelquartier gegeben werden.

Behandlung

Die Wachteln werden vor dem Einsetzen in das gereinigte Quartier ebenfalls behandelt. Dafür eignen sich einige natürliche Mittel, die selbst zubereitet werden können.

Natürliche Mittel zur Behandlung und Prophylaxe

- Essigwasser
- Knoblauchwasser
- Kalk oder Kieselgurstaub
- pflanzliche ätherische Öle
- gekaufte Sprays
- spezielle Futtermittel

Essigwasser (zum Auftragen auf das Gefieder geeignet): ½ Liter kaltes Wasser + ¼ Liter Essig verrühren. Die Essigmischung in eine Sprühflasche geben und auf das Gefieder der Wachteln sprühen.

TIPP! Selbst bereiteter Essig

Oft fallen im Garten Äpfel an, die sich aus unterschiedlichen Gründen nicht verwenden lassen. Aus diesen Äpfeln kann auf eine sehr einfache Weise Essig hergestellt werden. Die Äpfel reinigen, Faulstellen entfernen, die Äpfel zerkleinern und in einem lebensmittelechten Gefäß (Stein-, Emaille- oder Edelstahltopf) mit sauberem Wasser einmaischen. Mit einem Deckel nicht luftdicht verschließen. Die Maische für einige Wochen an einem warmen Ort belassen, gelegentlich umrühren. Das Obst an der Oberfläche darf nicht verschimmeln! Nach dem Verstreichen einer mehrwöchigen Zeitspanne entwickelt sich ein typischer Apfel-Essig-Geruch, der Geschmack der Maische ist dann sehr sauer.

Knoblauchwasser eignet sich zum Einsprühen des Gefieders. Dafür ½ Liter Wasser mit 15 zerkleinerten Knoblauchzehen mindestens 1 Stunde ziehen lassen, gelegentlich umrühren.

Kieselgur: Wird im Quartier und am Tier verwendet. Es kann mit einem ausgedienten Pfefferstreuer auf das Gefieder gestaubt bzw. in das Gefieder eingerieben werden.

Ätherische Öle: Pflanzliche ätherische Öle (wie z. B. Lavendelöl) wirken prophylaktisch und vertreiben Milben. Benutzen Sie im Quartier pflanzliche Teile oder ätherische Öle.

Gekaufte Sprays: Im Online-Handel und in Fachgeschäften können Sprays, die mitunter sogar frei von giftiger Chemie sind, erworben werden. Die Anwendung dieser Sprays ist relativ einfach, da sie lediglich auf das Gefieder gesprüht werden. Achtung: Nach der Behandlung mit einem Anti-Milben-Präparat und Kontakt mit den behandelten Wachteln die Hände gründlich reinigen! Kleine Kinder sollten behandelte Wachteln einige Tage lang nicht berühren.

Futtermittel: Zur Prophylaxe sind im Fachhandel Futtermittel erhältlich, die reich an pflanzlichen ätherischen Ölen sind, die einem Milbenbefall entgegenwirken.

TIPP! Milbenbefall bei Menschen

Haben Sie Milbenbefall an sich oder Ihren Familienmitgliedern beobachtet, entkleiden Sie sich vollkommen und reinigen Sie Ihren Körper am besten unter fließendem Wasser gründlich. Die getragene Garderobe wird heiß gewaschen. Wird der Juckreiz von geröteten Quaddeln begleitet, sind nicht Milben die Verursacher, sondern Hühnerflöhe.

Der Hühnerfloh

Hühnerflöhe können auf die gleiche Weise eingeschleppt werden wie andere Hautparasiten. Der Hühnerfloh ist ein blutsaugender Parasit, ein sogenannter Hygiene-Schädling, da er nicht nur als störend empfunden wird, sondern auch Krankheiten übertragen kann.

Symptome

Anders als bei den Milben, deren Bewegung auf der Haut als Krabbeln und Jucken empfunden wird, durchbohrt der Floh die Haut, injiziert dabei – nicht anders als die viel größere Zecke – ein Sekret, das die eintretende Blutung unterstützt und stillt vampiergleich seinen Hunger. Der Stich bzw. Biss eines Flohs löst nicht nur bei Tieren Unbehagen aus, sondern bewirkt auch beim Menschen einen starken Juckreiz und hinterlässt eine gerötete Quaddel, die sich um die Bissstelle etwa kreisförmig ausbreitet.

Maßnahmen und Quartierreinigung

Um bei Wachteln einen möglichen Befall zu überprüfen, müssen die Federn gespreizt werden, damit man ihre Haut sehen kann. Weist diese gerötete Quaddeln auf, sind Flöhe die Verursacher. Wie schon bei den Vogelmilben ab S. 116 beschrieben, müssen die Quartiere sofort gereinigt werden! Wichtig ist auch, die Einstreu zu entsorgen. Zusätzlich ist der gesamte Auslauf in die Reinigung einzubeziehen: Die Eier der Flöhe fallen auf den Boden, dort entwickeln sich daraus Larven. Diese Larven stellen die eigentliche Gefahr für den Ausbruch einer Flohplage dar: Sie verstecken sich in Bodenritzen und in Teppichen, um sich in dieser geschützten Umgebung unbehelligt verpuppen zu können. Nach kurzer Zeit folgen sie dann als hungrige Flöhe ihrer Berufung und legen bereits etwa nach zwei Tagen selbst Eier ab.

WICHTIG! Sofort Maßnahmen ergreifen

Sobald der Flohbefall an einem Tier beobachtet wird, müssen alle Tiere umgehend dagegen behandelt werden!

Behandlung

Kieselgur: Der Einsatz von Kieselgur hilft nicht nur gegen Milben, sondern verspricht auch Abhilfe bei einer Flohplage. Das Puder wird in das Sandbad gemischt und auch auf dem Gefieder aller Wachteln verteilt.

Kalt gepresstes Kokosöl: Ein weiteres sehr empfehlenswertes Mittel gegen Flöhe ist kalt gepresstes Kokosöl, das reich an Laurinsäure ist. Das Kokosöl wirkt, wenn es auf die Haut der Wachteln aufgebracht wird, wie ein Kriechöl, das die Larven abtötet und den Flöhen die Luft raubt. Im Handel wird Kokosöl schon längere Zeit als probates Mittel gegen Zecken und Hautparasitenbefall empfohlen. Verwenden Sie zum Ausbringen eine handelsübliche Pipette.

TIPP! Weitere Informationen

Kompaktes Wissen über den Floh erhalten Sie auf https://www.esccap.de

(ESCCAP DEUTSCHLAND, Arbeitsgruppe der Fachgruppe Parasitologie und parasitäre Krankheiten der Deutschen Veterinärmedizinischen Gesellschaft DVG).

DAS WACHTELEI

Wie schon anfangs erwähnt, geht es bei der Wachtel-Hobbyhaltung meist um Legewachteln. Sich selbst mit frischen Wachteleiern versorgen zu können, ist die angenehmste Begleiterscheinung der Wachtelhaltung.

INHALTSSTOFFE

Das Wachtelei setzt sich grundsätzlich etwas anders zusammen als das Hühnerei und gilt im Vergleich als gesünder. Im Vergleich zu Hühnereiern ist das Verhältnis Eidotter zu Eiklar beim Wachtelei etwa 30 % höher. Jedoch ist jedes Ei ein Produkt der Wachtel, die es legt und somit von der Ernährung der Wachtel abhängig. Das bedeutet, dass die Zusammensetzung der einzelnen Bestandteile des Eis immer ein Resultat davon sind, wie die Wachtel aufgezogen, gehalten und gefüttert wird.

Inhaltsstoffe:
- Mineralien und Spurenelemente: Eisen, Kalium, Kalzium, Magnesium, Natrium, Phosphor, Selen, Zink
- Vitamine: A, B1, B2, B9, D, E
- essenzielle Aminosäuren: Arginin, Isoleucin, Lysin, Tryptophan

HINWEIS! Legende oder Wahrheit?

Überzeugt davon, dass der Genuss roher Wachteleier die Manneskraft stärkt, verzehren vornehmlich osteuropäische Männer täglich einige rohe Wachteleier. Der Grund dafür beruht auf der Tatsache einer gesteigerter Potenz bzw. Paarungsbereitschaft der Wachtelhähne (die man derart bei keinem anderen Geflügeltier beobachten kann). Und angeblich überträgt sich diese Eigenschaft durch den Verzehr roher Wachteleier auf den Konsumenten. Ob das nun tatsächlich stimmt und rohe Wachteleier tatsächlich die Lenden stärken, kann ich nicht beurteilen.

Gesundheitlicher Nutzen von Wachteleiern

In vielen Berichten sowohl in Printmedien als auch online wird der gesundheitliche Nutzen der Wachteleier hoch bewertet. Als Nichtmedizinerin maße ich mir kein Werturteil bezüglich eines gesundheitlichen Nutzens an.

Ich gebe jedoch zu bedenken, dass in Japan, dem Land mit annähernd der höchsten Lebenserwartung weltweit, schon seit vielen hundert Jahren Wachteleier verzehrt werden. Die Japanische Wachtel hat ihren Ursprung in diesem Land und war früher einmal ein weit verbreiteter Wildvogel.

In Japan wurden Wachteleier den Menschen verabreicht, deren Gesundheit durch den Atombombenabwurf im August des Jahres 1945 geschädigt worden war. Angeblich spielt die spezielle Zusammensetzung der essenziellen Aminosäuren eine besondere Rolle bei der Wundheilung. Außerdem soll der Verzehr roher Wachteleier einen hitzigen Magen besänftigten.

Die positiven Wirkungen der Wachteleier auf den Organismus sind vielfältig, der

ganz große Vorteil für die Wachtelhalter liegt jedoch nicht zuletzt auch in der absoluten Frische der Wachteier – denn gerade besonders frische gesunde Lebensmittel haben grundsätzlich eine positive Wirkung auf den Organismus!

TIPP! Gesundheitlicher Effekt

Angeblich soll der Konsum von frischen rohen Wachteleiern, am besten morgens und auf nüchternen Magen, sich besonders positiv auf die Gesundheit auswirken. Auch in Japan wurde das Verzehren roher Wachteleier als gesundheitsfördernde Maßnahme praktiziert.

WACHTELEIER ALS ERSATZ FÜR HÜHNEREIER

Wachteleier können wie normale Hühnereier zum Kochen und Backen verwendet werden. 5–6 Wachteleier entsprechen einem Hühnerei. Dies gilt es bei den Rezepturen zu beachten, bei denen Hühnereier durch Wachteleier ersetzt werden sollen.

Wachteleier kochen

Die geringere Größe bedeutet, dass sich die Garzeit reduziert. Weich gekochte Wachteleier werden je nach dem angestrebten Ergebnis 1–2 Minuten gekocht. Hart sind die kleinen Eier nach 3 Minuten Kochzeit.

Sie schmecken klar und rein nach Ei, und die im Geschmack milden Dotter (Eigelb) weisen je nach Kochgrad eine cremige Konsistenz auf. Da dem Futter von Wachteln in der Hobbyhaltung in der Regel keine Farbstoffe zugesetzt werden (was in der industriellen Wachteleierproduktion durchaus möglich ist), weisen die Dotter eine natürliche, dotterblumengelbe Farbe auf.

Farbe der Dotter durch Futtermittel verändern
Wem das schöne und natürliche Gelb der Wachteleidotter nicht gefällt, kann das Futter für die Wachteln mit Mais, Luzerne oder Mangold ergänzen, wodurch die Farbe der Eidotter intensiver wird und ins Orange geht. Doch nicht nur die Farbe der Eidotter wird intensiver, sondern auch die Hautfarbe der Wachteln.

GUTES AUS WACHTELEIERN

Sollten Ihre Wachteln einmal mehr Eier legen, als Sie verbrauchen können, können Sie die Überproduktion ganz einfach „konservieren“. Es gibt einige Methoden, dank derer man Wachteleier haltbar machen kann. So können Sie Wachteleidotter mithilfe von hochprozentigem Alkohol zu herrlichem Eierlikör verarbeiten, gekochte Eier in Lake einlegen oder rohe Eier in Salz haltbar machen.

WACHTELEIERLIKÖR

Aus Eidottern von rohen Eiern können alkoholische Getränke, wie etwa Eierlikör, hergestellt werden. Eierlikör ist ein gern gesehenes Mitbringsel, außerdem wird er gerne zum Backen und für Desserts, Eis oder Torten verwendet. Natürlich kann man ihn auch einfach nur einmal so im Kreis der Familie oder gemeinsam mit Freunden süffeln. Die Zubereitung von Eierlikör ist ganz einfach.

Im Fachhandel und im Internet gibt es eine Schere, dank derer sich die kleinen Eier problemlos öffnen lassen. Dadurch ist das Trennen der Eier nicht umständlicher als das Trennen von Hühnereiern.

Zutaten

250 g Honig
500 ml Rum (50 %)
40 Wachteleidotter (Eigelb)*

* Aus dem Eiklar wird Baiser zubereitet (Rezept siehe S. 126).

Zubereitung

Den Honig erwärmen, wenn er flüssig ist, mit einem Handrührgerät mit dem Alkohol verrühren. Anschließend die Eidotter hinzufügen und das Ganze wieder ordentlich verrühren. Den Likör in saubere Flaschen füllen und fest verschließen, dunkel und kühl lagern (hält sich mehrere Wochen).

TIPP! Verfeinerung

Fügen Sie diesem Likör das ausgeschabte Mark einer Vanilleschote hinzu, um einen noch feineren Geschmack zu erzielen.

EIERLIKÖR MIT SAHNE ODER KONDENSMILCH

Zutaten

40 Wachteleidotter (Eigelb)
250 g Zucker
250 ml süße Sahne oder Kondensmilch
500 ml Korn oder Rum (mind. 40 %)

Zubereitung

Alle Zutaten sorgfältig verrühren und den Likör in saubere, fest verschließbare Flaschen füllen, kühl und dunkel lagern (einige Wochen haltbar).

BAISERS

Wenn wie bei der Bereitung von Wachteleierlikör Eiklar (Eiweiß) übrig bleibt, können daraus verschiedene Backwaren bereitet werden. Am häufigsten wird Eiklar wohl zu Baiser verarbeitet, z. B. zu kleinen Gebäckstücken, die auf ein Backblech dressiert und im Ofen getrocknet werden.

Abgesehen davon kann man Eischnee für viele weitere Rezepte in größeren Mengen gebrauchen, z. B. für Kuchen mit Baiserhaube, für Aufläufe usw.

Zutaten (Baiser-Grundrezept)

20 Wachteleiklar (Eiweiß)
1 Prise Salz
180 g Zucker
5–7 Tropfen Zitronensaft*
Apfelessig

* Anstelle des Zitronensaftes kann auch ein fruchtiger Balsamicoessig verwendet werden, was die Baisers geschmacklich erheblich verändert.

Zubereitung

Die Eiklar bei Raumtemperatur mit einer Prise Salz versetzen und aufschlagen, bis der Schnee schön schaumig ist. Sobald er Volumen aufgebaut hat, heißen Zucker langsam hinzufügen: Der Trick dabei ist, den Zucker zuvor zu erhitzen und nicht auf einmal hinzuzufügen. Den Zucker in eine Edelstahlpfanne geben und darin unter Rühren erhitzen, bis er sehr heiß ist. Vorsicht, dass er nicht schmilzt und steinharte Klumpen bildet (karamellisiert)!

Den heißen Zucker mit einem Esslöffel allmählich und unter Rühren dem bereits versteiften Eischnee zufügen. Die Masse ist am Ende strahlend weiß und cremig.

Nun den Zitronensaft unter Rühren hinzufügen. Den Eischnee so lange schlagen, bis der Festigkeitstest gelingt. Bei diesem Test den Rührer, an dem die Masse haftet, herausheben oder einen Finger hineintauchen, etwas Masse herausheben und mit der Spitze nach oben drehen. Die Baisermasse ist gelungen, wenn die Spitze der Masse senkrecht steht und nicht mehr einsinkt.

Die Masse in einen Spritzsack füllen, kleine Häufchen oder andere Figuren auf das Backblech dressieren und das Gebäck anschließend im Backofen trocknen.

Die Baisers sind, trocken und kühl in einem Behälter mit Deckel gelagert, lange haltbar und eignen sich als Naschwerk für zwischendurch, aber auch zum Verzieren von Backwerk. Besonders schön sind Baisers, die zu festlichen Anlässen hergestellt werden, z. B. Weihnachtsschmuck für den Weihnachtsbaum oder Blüten für ein Geburtstagsfest. Kinder können die dekorativen Baisers beliebig verzieren.

Gelungene Baisers

Damit der Eischnee schön steif wird, muss sehr sauber gearbeitet werden. Das Gefäß muss trocken und sauber sein, die Rührstäbe des Handmixers ebenfalls. Ganz wichtig ist, dass nicht der kleinste Tropfen Eidotter ins Eiklar gelangt ist.

Wenn die Baiser-Masse nicht perfekt gelingt

Wenn der Eischnee einmal nicht ganz steif wird, ist dies kein Beinbruch, solange Eischnee entstanden ist. Eischnee, der nicht zu fester Baisermasse wurde, kann zu zartem Gebäck verwendet werden. In den (nicht perfekt steifen) Eischnee können Kokosraspel, gemahlene Haselnüsse, gemahlene Mandeln und Stärkemehl hinzugefügt werden. Auch eine Messerspitze Backpulver schadet nicht.

Rezeptvariante

Unter den Eischnee des Baiser-Grundrezeptes 200 g Kokosraspel, 50 g Stärkemehl und eine Messerspitze Backpulver unterheben. Die zähfließende Masse auf einem mit Backpapier belegten Backblech gleichmäßig verstreichen und bei 100 °C etwa 1 ½ Stunden im Backofen trocknen lassen.

Nach dem Erkalten kann die Masse mit einem scharfen Messer in beliebige Stücke geschnitten werden.

WACHTELEISALAT

Zutaten für 4 Portionen

25–30 Wachteleier
150 g Joghurt
1 Mandarine
1–2 Jungzwiebeln
frischer Dill
1 TL süßer Senf
Salz und Pfeffer
eventuell 1 Spritzer frische Sahne zur Verfeinerung

Für den Salat die Wachteleier hart kochen und abkühlen lassen.

Joghurt in eine Schüssel geben, die Mandarine schälen und die Spalten klein schneiden, danach ebenso wie die klein geschnittene Jungzwiebel, den fein gewiegten Dill, den süßen Senf sowie Salz und Pfeffer zum Joghurt hinzufügen. Alles sorgfältig vermengen und abschmecken.

Die abgekühlten Wachteleier schälen und in gleichmäßige, nicht zu dünne Scheiben teilen, vorsichtig unter die Joghurt-Mischung heben, falls gewünscht, mit etwas Sahne verfeinern, zum Durchziehen kühl stellen.

Den Wachteleisalat zu Kartoffelrösti servieren.

WACHTELEIER HALTBAR MACHEN

Frische Eier sind in ihrer Qualität nicht zu überbieten. Da aber die Legesaison unter Hobbybedingungen ab etwa September endet, können Wachteleier für mehrere Monate bis zu einem Jahr haltbar gemacht werden. Dies ist bei frischen und bei gekochten Wachteleiern möglich.

TIPP! Wiederverwenden statt wegwerfen

Sicher kaufen auch Sie gelegentlich Gläser mit Honig, Essiggurken, anderem eingelegtem Gemüse oder Obst und dergleichen. Nachdem sie leer sind, landen diese Gläser im Glaskontainer. Werfen Sie diese Gläser nicht achtlos weg, denn für neue Gläser zum Einkochen und Haltbarmachen müssen Sie tief in Ihr Portemonnaie greifen. Nach einer gründlichen Reinigung können diese alten Gläser wiederverwendet werden. Das spart Geld und schont die Umwelt. Wurden die Deckel der Gläser ganz normal mit der Hand aufgeschraubt, können sogar die Deckel wiederverwendet werden. Wurden die Deckel mechanisch geöffnet, an eine Kante geschlagen oder mit einem Loch versehen, müssen diese durch neue ersetzt werden.

GEKOCHTE WACHTELEIER IN LAKE EINGELEGT

Gekochte und in Lake eingelegte Wachteleier (ob geschält oder ungeschält) eignen sich als Party-Häppchen, weil diese entzückenden kleinen Eier ein perfektes Fingerfood sind. Die Zubereitung ist sehr einfach und auch preiswert: Wasser und Essig zu gleichen Teilen in einen Topf geben und mit Salz und Zucker und allen weiteren Zutaten, die man möchte (siehe Aufzählung unten), kurz aufkochen (Salz und Zucker müssen sich gelöst haben).

Die Lake muss kräftig und pikant schmecken. Falls die Lake Ihnen nicht mundet, würzen Sie einfach nach und kochen anschließend den Topfinhalt noch einmal auf.

Weitere Zutaten für pikante Eier

- Senfkörner
- frische Paprikaschote
- Zwiebel
- Knoblauch
- Pfeffer
- Dill
- Weinblätter, Eichenlaub, Kirschblätter, Meerrettichwurzel oder Lorbeerblätter

Wenn Sie eine genauere Anleitung brauchen, folgt hier ein Grundrezept für 100 gekochte Wachteleier:

Zutaten

100 Eier
500 ml Wasser
500 ml Essig
1 EL Salz
3 EL Zucker
1 EL grüner Pfeffer
optional weitere Zutaten (siehe Aufzählung oben)

Zubereitung – Schritt für Schritt

1. Gläser und Deckel am besten 10 Minuten in kochendem Wasser sterilisieren oder gründlich reinigen, ausspülen und umstülpen.
2. Eier kochen, abschrecken und schälen.
3. Geschälte Eier dicht in die Gläser füllen (bis ca. 3 cm unter den Rand).
4. Für die Lake Wasser und Essig mit Salz, Zucker und dem Pfeffer in einen Topf geben, aufkochen lassen, öfter umrühren.
5. Die kochend heiße Lake über die Eier gießen – die Lake muss die Eier komplett bedecken und mindestens 1 cm über den Eiern stehen – und die Gläser fest zuschrauben.
6. Bevor die eingelegten Eier verzehrt werden, sollten sie zumindest 3–4 Tage durchziehen.
7. Nach dem Auskühlen können die geschälten Eier für mehrere Monate im Kühlschrank aufbewahrt werden.

Rezeptvariante: Ungeschälte, eingelegte Wachteleier

Nach demselben Rezept können auch ungeschälte gekochte Eier eingelegt werden. Die nicht geschälten Eier werden nach dem Kochen angeschlagen, bevor sie in die Gläser geschlichtet werden, damit später die Sole bzw. Lake ins Ei eindringen kann.

Ungeschälte eingelegte Wachteleier sollten binnen 8 Wochen verbraucht werden, da die Eischale sich in der Lake zersetzt bzw. auflöst).

GEKOCHTE WACHTELEIER IN LAKE EINGEKOCHT

Die Vorgehensweise ist ähnlich wie bei den eingelegten Wachteleiern (siehe links). Saubere Gläser und Deckel, die zum Einkochen taugen, bilden auch hier die Voraussetzung für gutes Gelingen. Wie beim vorigen Rezept können beim Einkochen zusätzlich zu den Eiern auch weitere Zutaten nach persönlichem Geschmack (wie z. B. frische Paprikaschoten, Tomaten, Gewürze und Kräuter) ins Glas gefüllt werden.

Zutaten für 5 Gläser à 340 ml

60 gekochte Wachteleier
500 ml Wasser
500 ml Essig
1 EL Salz
3 EL Zucker

Optionale weitere Zutaten nach persönlichem Geschmack, z. B.:

frische Paprikaschote, in Streifen geschnitten
Cocktailtomaten, ganz
Knoblauchzehen, ganz
Zwiebel, in Ringe geschnitten
Pfefferkörner
Senfkörner
Dillzweige
Weinblätter, Eichenlaub, Kirschblätter, Meerrettichwurzel oder Lorbeerblätter

Werden Paprikaschoten, Tomaten etc. in die Gläser eingesetzt, dann werden proportional weniger gekochte Wachteleier gebraucht.

Zubereitung

1.–4. Zubereitungspunkt wie beim vorigen Rezept.
5. Die Lake auskühlen lassen (sie muss nicht wie bei den eigelegten Eiern kochend über die Eier gegossen werden).
6. Die gekochten, geschälten Eier zusammen mit den optionalen weiteren Zutaten nach persönlichem Geschmack (wie z. B. mit Paprikastreifen, Cocktailtomaten, Knoblauchzehen, Zwiebelringen, Pfeffer- und Senfkörnern, Kräutern etc.) in die Gläser füllen.
7. Die vorbereitete und abgeschmeckte Lake (sie muss pikant schmecken) in die Gläser gießen (muss die Eier und anderen Zutaten bedecken).
8. Die Gläser fest verschließen und in einem Einkochtopf (oder im Backofen im Wasserbad) bei 85 °C 20 Minuten einkochen.

Auf diese Weise hergestellte eingelegte Eier halten sich kühl und dunkel gelagert mindestens 1 Jahr.

SOL-WACHTELEIER

Sol-Eier haben eine lange Tradition: Früher standen die Gläser, in denen die Sol-Eier eingelegt waren, in jeder Bierkneipe auf dem Tresen. In Sole eingelegte ungeschälte Wachteleier sehen aufgrund ihrer Musterung besonders hübsch aus. Die Eier werden dafür hart gekocht. Sie können sowohl geschält als auch ungeschält eingelegt werden; ungeschälte Eier werden jedoch angeschlagen, damit die Sole schneller in das Innere des Eis eindringt, und sie müssen frühzeitig verzehrt werden, da die Schale sich auflöst.

Zutaten Grundrezept

80 g Salz
1 Liter Wasser
30 Wachteleier

Zubereitung

Wasser mit dem Salz in einen Topf geben, darin die sauberen Wachteleier 5 Minuten lang hart kochen. Danach die Eier aus der Sole nehmen und abschrecken.

Dann die Eierschalen der gekochten Eier leicht anschlagen und die Wachteleier in ein sauberes und verschließbares Glas gegeben.

Abschließend die mittlerweile erkaltete Sole über die Eier gießen.

Die Wachteleier sollten mindestens 3 Tage ziehen, bevor sie verzehrt werden.

Rezeptvariante

Die Sol-Wachteleier können genauso eingekocht werden, wie bei den in Lake eingekochten Wachteleiern auf S. 131 beschrieben.

TIPP! Gut, aber salzig

Wachteleier in Sole halten sich ausgesprochen lange, jedoch sind sie sehr salzig. Am besten verwenden Sie die Sol-Eier als Zutat für Salate oder Saucen und salzen diese wenig bis gar nicht.

Frische Wachteleier in haltbar machenden Materialien lagern

Auch rohe Wachteleier können so gelagert werden, dass diese 8 und mehr Wochen haltbar sind. Diese Möglichkeit kann in Betracht gezogen werden, wenn man die Eier später zum Backen, Kochen oder für frische Zubereitungen wie Omeletts oder Rührei verwenden möchte. Bei der Haltbarmachung frischer Eier muss in erheblichem Umfang auf Sauberkeit, die Frische und die Qualität der Eier geachtet werden. Gut zu wissen: Die im August gelegten Eier gelten als die Haltbarsten, wobei auch März- und Aprileier gut zum Konservieren geeignet sind.

Es gibt mehrere Methoden, um frische Eier länger haltbar zu machen:

1. Einlegen in Salz
3. Einlegen in Torf
2. Einlegen in „Wasserglas"

TIPP! Frischer ist besser

Auch wenn bei diesen Konservierungsmethoden die Haltbarkeit frischer Eier deutlich verlängert werden kann, sollten die auf diese Weise konservierten Eier grundsätzlich so frisch wie möglich verwendet werden.

Rohe Wachteleier in Salz eingelegt

Erforderliche Hilfsmittel

Zum Einlegen in Salz benötigt man Kisten, Schachteln oder Vorratsdosen mit Deckeln und handelsübliches feines Speisesalz.

Grundlegendes

Wenn man frische Wachteleier länger haltbar machen will, dann sollten sie so frisch wie möglich konserviert werden.

Wichtig ist, absolut saubere Eier zu verwenden, damit nichts schief geht! Denn wenn das nicht der Fall ist, könnten Fäulnisbakterien durch die Poren der Eierschale in die Eier eindringen, wodurch die Eier verderben.

Salz zieht bekanntlich Feuchtigkeit an. Gerade in Regenperioden kann es deshalb möglich sein, dass das Salz feucht wird. Damit die Eier sich über Wochen hervorragend frisch halten, muss das Salz sehr trocken und sehr fein sein.

Vorbereitungen

- Prüfen Sie die Eier und entfernen Sie verschmutzte Eier oder Eier, deren Schalen Risse aufweisen.
- Salz trocknen: Indem man das Salz auf dem Backblech ausgebreitet bei 100 °C für 10 Minuten in den Backofen gibt, auf eine Heizung stellt oder einfach auf dem Balkon einige Stunden ins Sonnenlicht stellt, trocknet es nach.

Vorgehensweise

- Das trockene Salz in einer etwa 2,5 cm hohen Schicht auf den Boden des Aufbewahrungsgefäßes geben.
- Die Wachteleier mit dem spitzen Ende nach unten in das Salz hineinstecken.
- Der Abstand der Eier zu den Wänden des Behältnisses soll über 2 cm betragen.
- Die Zwischenräume zwischen den Eiern und den Gefäßwänden mit Salz auffüllen.
- Die Wachteleier mit einer 2,5 cm dicken Salzschicht bedecken.
- In diese Schicht die nächste Lage Eier stecken und wie beschrieben fortfahren.
- Das Gefäß verschließen und erst bei Bedarf öffnen.

Da bei der Entnahme der Eier unmittelbar benachbarte Eier beschädigt werden können, empfiehlt es sich, die Größe der Aufbewahrungsgefäße an den späteren durchschnittlichen Bedarf an Eiern pro Entnahme anzupassen.

TIPP! Beschriften

Sie sollten die Gefäße beschriften (Datum des Einlegens, Anzahl der Eier), damit Sie immer die am bereits längsten eingelegten Eier zuerst verbrauchen.

Einlegen in Torf

- Anstatt Salz kann auch handelsüblicher Torf zum Einlegen der Wachteleier verwendet werden.
- Die Vorgehensweise ist ähnlich wie beim Einlegen der Eier in Salz.

EINLEGEN IN „WASSERGLAS“

Mit „Wasserglas“ ist in diesem Zusammenhang kein Trinkgefäß gemeint, sondern eine Chemikalie, und zwar eine Alkalisilicatlösung, die es unter der Bezeichnung „Eiwohl“ in Apotheken zu kaufen gibt. Die Verwendung von „Wasserglas“ weist eine lange Tradition auf, die noch aus der Zeit stammt, bevor Kühlschränke in jedem Haushalt üblich waren. Die Anwendung ist denkbar einfach und sehr wirkungsvoll, da auf diese Weise behandelte Eier etwa 6–12 Monate haltbar gemacht werden können. Die gute Konservierung gelingt, weil die porige und luftdurchlässige Kalkschale der Eier durch das Einlegen in „Wasserglas“ hermetisch abgedichtet wird und darum keine Erreger eindringen können.

Erforderliche Hilfsmittel
Steinguttopf oder großes Einweckglas, Schneebesen, „Wasserglas“ und Leitungswasser im Verhältnis 1:9.

Rezept-Beispiel

Zutaten

50 Wachteleier
2 Liter Leitungswasser
222 ml „Wasserglas“

Zubereitung

Das Leitungswasser in einen Steinguttopf oder in ein Einweckglas geben, Wasserglas hinzufügen und mit dem Schneebesen nun so lange verrühren, bis die Flüssigkeit eine gallertartige Konsistenz angenommen hat. In diese Masse die sauberen, rohen Eier stecken (mit der Spitze nach unten).

Die in „Wasserglas“ eingelegten Eier kühl und dunkel lagern.

Eier bei Bedarf mit einem sauberen Löffel entnehmen, unter fließendem Wasser abspülen und wie gewohnt zum Kochen, Braten oder Backen verwenden.

TIPP! Nicht roh verzehren

In „Wasserglas“ eingelegte Eier sind für den Rohverzehr nicht geeignet – dieser sollte grundsätzlich nur bei absolut frischen Eiern erfolgen.

WACHTELEI MIT HONIG-SENF-SAUCE ZU HÖRNLE-KARTOFFELN

Zutaten für 4 Portionen

500 g Hörnle-Kartoffeln
20 Wachteleier
1 EL Butter
1 EL Weizenmehl
1 EL Honig
Salz
Wasser
2 EL Senf
1 Schuss süße Sahne

Zubereitung

Die Kartoffeln waschen und kochen, die Wachteleier zu gewünschter Konsistenz kochen.

Die Butter schmelzen, das Mehl hinzufügen und eine helle Mehlschwitze bereiten.

Die Wärmezufuhr reduzieren und Honig und Salz nach Geschmack hinzugegeben.

Mit einem Schneebesen so viel Wasser einquirlen, dass eine sämige Sauce entsteht, diese bei mittlerer Wärmezufuhr kurz aufwallen lassen, dann die Wärmezufuhr reduzieren und Senf und die Sahne einquirlen, abschmecken (eventuell etwas Knoblauch oder frisch gemahlenen Pfeffer hinzufügen).

Die Wachteleier und die gekochten Kartoffeln mit der Honig-Senf-Sauce servieren.

TIPP! Variante

Erntefrische kleine Kartoffeln aus dem eigenen Anbau gut waschen und bürsten. Auf einem Backblech im Backofen knusprig bräunen und dazu die Honig-Senf-Sauce und die gegarten Wachteleier reichen.

DAS WACHTELFLEISCH

Wachtelfleisch ist in vielen Ländern eine absolute Spezialität, weshalb es auch kommerzielle Züchter von Mastwachteln gibt, um den Bedarf an Fleisch zu decken. Auch als Hobby-Wachtelhalter können Sie in den Genuss von Wachtelfleisch kommen, selbst wenn Sie keine Mastwachteln, sondern Legewachteln halten. Denn wenn eine Legewachtel die Eiproduktion einstellt, kann man danach ihr Fleisch nutzen.

In diesem Kapitel erfahren Sie Wissenswertes über das Fleisch und wie Sie es selbst „gewinnen“: Denn es ist nun einmal so, dass dem Fleischgenuss das Schlachten des Tieres vorangehen muss. Daher finde ich es auch für Hobbyhalter wichtig, sich mit dem Thema auseinanderzusetzen und zu wissen, wie eine Wachtel geschlachtet und dabei das Tierwohl nicht außer Acht gelassen wird.

HOCHWERTIGES FLEISCH

Wachtelfleisch ist eine Delikatesse, das beste Fleisch liefern junge und gesunde Tiere. Diese können problemlos zum Kurzbraten, Grillen oder Frittieren verwendet werden. Hennen, die nach dem Ende der Legesaison geschlachtet werden, eignen sich dafür nicht mehr, sondern sie können wie Suppenhühner zubereitet werden.

Inhaltsstoffe und Geschmack

Wie alle Hühnervögel liefert auch die Wachtel gesundes und hochwertiges Fleisch, das besonders durch die leicht verdaulichen Proteine und die Vielzahl der Mineralstoffe punktet.

Wachtelfleisch wird häufig als fettarm bezeichnet, was ich aus meiner Erfahrung nicht bestätigen kann. Der Fettanteil meiner Legewachteln – wie auf dem Foto auf S. 145 ersichtlich – reicht aus, um die Wachteln ohne Zusatz anderer Bratfette schmoren, braten oder grillen zu können.

Der Geschmack von Wachtelfleisch ist äußerst delikat und lässt sich mit dem Geschmack von anderem Geflügelfleisch nicht vergleichen. Das Brustfleisch weist den intensivsten Geschmack auf – dieses ist wirklich sehr mager, kurzfasrig und von dunkelroter Farbe.

Foto © Günter Hauer

Preis

Die besondere Güte des Wachtelfleisches schlägt sich in einem stattlichen Preis nieder. Im Handel bezahlt man für ein Kilogramm Wachtel etwa 50–60 Euro, was umgerechnet etwa 10 Euro pro küchenfertiger Wachtel entspricht. Dies bedeutet, dass sich die Anschaffung eines Brutapparates durchaus rechnet, wenn man gerne gutes Fleisch essen möchte und dabei Lebensmittelsicherheit genießen will. Sie können, wenn Sie regelmäßig selber Küken aufziehen, nicht nur die Hähne als „Fleischwachteln" halten, sondern haben zudem junge, legereife Wachtelhennen, deren Eier Sie genießen können.

DIE SCHATTENSEITE DER HAUSTIERHALTUNG: FLEISCHGEWINNUNG

Jedem erfahrenen Haustierhalter ist in der Regel bewusst, dass die Lebenszeit der meisten Haustiere deutlich kürzer ist als die Lebenszeit eines Menschen. Früher oder später wird also jeder, der ein Haustier hält, mit dem Tod seines geliebten Begleiters konfrontiert werden.

Allen Hobbyhaltern, die in Anbetracht dieser Thematik Zweifel hegen, möchte ich folgende Gedanken ans Herz legen: Wenn Sie Ihre Wachteln wie im Buch beschrieben artgerecht halten, dann werden diese ein richtig gutes und beneidenswertes Leben führen. Ihren Tieren wird das Privileg zuteil, im Gegensatz zu Geflügel aus der Massentierhaltung ein lebenswertes Leben zu führen. Und der Großteil des Fleisches, das im Handel erhältlich ist, stammt von Tieren aus der Massentierhaltung.

HINWEIS! Vision einer besseren Welt

Wenn alle Menschen die Tiere, die sie verzehren, selbst halten und auch schlachten würden (was zwar erstrebenswert, aber wohl in der Praxis nie möglich sein wird), wäre die auf Profit ausgerichtete und umweltschädliche Massentierhaltung mit all ihrem Tierleid längst abgeschafft!

Ob ein Mensch von seinen Haustieren als Bedrohung wahrgenommen wird, hängt von seinem Verhalten ab. Ein Tier, das von einem im Umgang mit Tieren geschulten Menschen geschlachtet wird, empfindet vor seinem Tod keine Angst und reagiert nicht mit Panik.

Das Schlachten

Tiere sollten grundsätzlich vor der Fütterung geschlachtet werden, dann ist ihr Verdauungstrakt relativ leer und das Ausnehmen der Tiere einfacher. Ihre Wachteln können Sie, um eine Futteraufnahme vor dem Schlachten zu vermeiden, bereits über Nacht separieren. Vergessen Sie jedoch nicht, ihnen in diesem Fall ausreichend Trinkwasser anzubieten.

Zum Schlachten benötigt man

- einen Stock zum Betäuben (etwa so stark wie ein Daumen, Länge ca. 30–40; am besten wird ein Stock aus Hartholz wie Eiche oder Buche verwendet.
- ein scharfes Messer, das eine glatte Klinge aufweist

Bevor Sie beginnen, legen Sie das erforderliche Werkzeug in greifbare Nähe. Wählen Sie einen Ort, der von Dritten nicht eingesehen werden kann und wo Verschmutzungen kein Problem darstellen bzw. einfach zu entfernen sind.

Die Schlachtung – Schritt für Schritt

1. Die Wachteln auswählen und separieren.
2. Eine Wachtel in beide Hände nehmen und den Körper umfassen, um so die Flügel (Schwingen) eng an den Körper der Wachtel pressen zu können. Sobald die Flügel fixiert sind, die Wachtel nur noch mit einer Hand halten, in die freie Hand den Stock zum Betäuben nehmen.
3. Die Wachtel mit dem Kopf nach unten neigen (etwa 45 Grad) und mit dem Stock einen kräftigen Schlag auf den

Kopf ausführen. Keinesfalls zögerlich agieren! Die Wachtel während des Betäubens besonders gut festhalten.

4. Den Stock beiseitelegen und sofort nach dem Schlag mit einem scharfen Messer die Kehle der Wachtel durchtrennen. Ist man allein, kann man die betäubte Wachtel zwischen die Knie pressen, mit der einen Hand den Kopf etwas nach vorne ziehen und mit der anderen Hand den Schnitt ausführen.
5. Die Wachtel ausbluten lassen, dafür die Wachtel an den Füßen halten, sodass die durchtrennte Kehle nach unten zeigt. Das Blut kann aus den geöffneten Blutgefäßen herausströmen.

Was beim Schlachten schief gehen kann	Wie diese Fehler vermieden werden
Der Betäubungsstock ist zu klein, die Wachteln sind nicht betäubt und verfallen in Panik.	Am besten eignet sich zum Betäuben ein Hammerstiel. Er ist kräftig genug und liegt gut in der Hand, was die Treffsicherheit erhöht.
Der Betäubungsstock ist zu groß, wodurch der Kopf zerschmettert wird (wenn der Tod dadurch eintritt und die Kehle zu spät durchschnitten wird, kann kein Ausbluten erfolgen).	siehe oben
Es wurde mehrfach zugeschlagen, und der Tod der Wachtel ist vor dem Kehlschnitt eingetreten.	Ein kräftig ausgeführter Schlag reicht in der Regel zur Betäubung aus.
Der Schlag war nicht entschlossen genug, aus Angst davor, der Wachtel Schmerzen zuzufügen.	Der Schlag muss entschlossen und exakt auf den Kopf ausgeführt werden. Wird der Hals getroffen, wird das Tier nicht ordentlich betäubt und es flattert in Panik.
Das Durchschneiden der Kehle erfolgte zu spät, wodurch die Wachtel nicht ausbluten kann.	Sobald der Schlag ausgeführt wurde, muss die Kehle unterhalb des Unterkiefers mit einem scharfen Messer durchtrennt werden.

Das Brühen und Rupfen

Nachdem die Wachteln geschlachtet wurden und ausgeblutet sind, müssen sie gerupft, also von den Federn befreit werden. Am besten brüht man sie dazu, indem man sie kurz in heißes Wasser taucht, dann geht das Ausrupfen der Federn leichter.

Man kann Wachteln durchaus gleich nach der Schlachtung die Federn ausreißen. Auf dem Rücken und dem Bauch lockern sich die Federn relativ gut. Jedoch läuft man dabei Gefahr, dass die Haut in Mitleidenschaft gezogen bzw. zerrissen wird. Und die Federn an den Flügeln (Schwingen) sowie die Schwanzfedern lösen sich nicht einfach so. Daher ist es am besten, die geschlachtete Wachtel zu brühen.

Zum Brühen und Rupfen benötigt man

- einen entsprechend großen Topf für das Brühwasser
- ein Thermometer
- einen Stock zum Untertauchen
- ein Gefäß für die Federn

Das Brühen – Schritt für Schritt

1. Das Wasser auf 80–85 °C erhitzen.
2. Das Brühen sollte unmittelbar nach der Schlachtung erfolgen, die Wachtel sollte noch warm sein. Falls die Wachtel bereits erkaltetet ist, muss der Brühvorgang verlängert werden.
3. Die geschlachtete Wachtel an den Füßen halten und im heißen Wasser untertauchen.
4. Notfalls mit einem Stock unter die Wasseroberfläche drücken, Füße dabei festhalten, Finger nicht verbrühen!
5. Die schlachtwarme Wachtel etwa 1 Minute im Wasser hin und her sowie auf und ab bewegen.
6. Herausnehmen (immer noch an den Füßen haltend) und während des Abtropfens die Federn ausreißen (ein geübter „Rupfer“ schafft etwa 15 Wachteln innerhalb einer Stunde).

Was beim Brühen und Rupfen schief gehen kann	Wie diese Fehler vermieden werden
Die Brühzeit war zu kurz und die Federn lösen sich nicht.	Noch einmal ins heiße Wasser tauchen.
Die Brühzeit war zu lang, beim Rupfen reißt die Haut auf.	Beim nächsten Mal kürzer brühen.
Die Wassertemperatur war zu hoch und die Haut zerreißt beim Rupfen.	Genau auf die Wassertemperatur achten!

Das Ausnehmen

Das Ausnehmen der gerupften Wachteln setzt etwas Fingerspitzengefühl voraus. Jedoch ist es keine Tätigkeit, vor der man sich fürchten sollte. Übung macht auch hier den Meister. Die Wachteln sollten möglichst schnell nach dem Rupfen ausgenommen werden. Vor allem Anfängern empfehle ich, die Wachteln noch schlachtwarm auszunehmen: Ist der Körper einer geschlachteten Wachtel beim Ausnehmen noch warm, dann ist das körpereigene Fett noch sehr weich und das Ausnehmen ist dadurch sehr viel einfacher, weil sowohl der Körper als auch die Innereien (auch der Kropf) elastisch sind. Sobald der Körper erkaltet, versteift sich das Fett (das auch die Därme umgibt). Diese reißen bei der Ausübung von Zug- und Druckbewegungen infolge des Ausnehmens leichter und der Schlachtkörper verschmutzt.

Zum Ausnehmen benötigt man

- ein scharfes Messer, am besten ein kleines, spitzes Küchenmesser
- ein Gefäß zum Entsorgen der entnommenen Gedärme
- ein Gefäß für die Innereien

Wenn Sie noch keine Übung im Ausnehmen haben, sollten Sie auf jeden Fall Küchenpapier griffbereit haben. Denn es kann leicht passieren, dass Sie eventuell Därme durchtrennt haben und sich austretende Fäkalien den Arbeitsplatz und den Schlachtkörper verunreinigen. Das ist nicht weiter schlimm, da der Schlachtkörper ohnehin nach dem Ausnehmen gründlich unter fließendem kaltem Wasser gereinigt wird. Wischen Sie in diesem Fall die Fäkalien mit etwas Küchenpapier weg. Nach dem Reinigen der Hände – ohne parfümierte Seife! – können Sie mit dem Ausnehmen fortfahren. Falls Sie nur duftende Seifen besitzen, verwenden Sie etwas Geschirrspülmittel zum Reinigen Ihrer Hände.

TIPP! Verunreinigtes Fett nicht verwenden

Aus meiner Erfahrung sollte in solch einem Fall auf die Verwendung des Fettes verzichtet werden, das mit dem Darminhalt in erheblichem Maß in Berührung gekommen ist, denn das Fett nimmt sehr schnell den Geschmack an.

Das Ausnehmen der Wachtel – Schritt für Schritt

1. Den Kropf (siehe Foto S. 144, 1) lockern, indem man am vorderen Teil des Halses die Luftröhre zusammen mit der Speiseröhre zwischen Daumen und Zeigefinger nimmt und in Richtig der Füße zieht.
2. Einen kleinen Schnitt entlang der gepunkteten Linie setzen, etwa in der Mitte zwischen der Kloake (3) und dem Ende des Bauchraumes (2) die Haut des Bauchraums (gepunktete Linie, siehe Foto S. 144) aufschneiden. Sobald die Haut tief genug durchtrennt wurde, erscheint das eidotterfarbene Bauchfett, das auch die Därme umschließt.
3. An der Kloake entlang – keinesfalls mitten hindurch! – bis zum Sterz schneiden (der Sterz ist der dreieckige Teil unterhalb der Kloake bzw. der Schwanz). Da in der Kloake der Darm endet, sollte sie kreisrund herausgeschnitten werden. Auf diese Weise verhindert man einen Austritt des Kots, der sich im Darm befindet.
4. Jetzt benutzen wir die Finger. Falls Sie über Erfahrung im Ausnehmen von Geflügeltieren verfügen, können Sie mit ihrem Zeigefinger vorsichtig in den geöffneten Bauchraum greifen und die Innereien lösen. Versuchen Sie Ihren Finger behutsam in Richtung Hals zu manövrieren. Auch wenn das Tier davon nichts mehr spürt, sollten Sie behutsam vorgehen, um nach Möglichkeit keine Därme im Inneren zu zerreißen. Nahe des Halses fühlen Sie (am härteren Magen vorbeigetastet) ein kleines festes Muskelgebilde. Dies ist das Herz. Wenn Sie das Herz fühlen, sind Sie tief genug in den Schlachtkörper vorgedrungen. Sie können das Herz lösen und vorsichtig zum Bauchraum bewegen. Dabei befördern Sie gleichzeitig sämtliche Innereien in Richtung des geöffneten Bauchraumes.
5. Nun können Sie mit Daumen, Zeige- und Mittelfinger in den Körper hineingreifen und vorsichtig die Innereien herausziehen. Es ist perfekt gelungen, wenn die Därme samt Magen, Leber und Galle vor Ihnen liegen und das Herz sowie der Kropf (ein helles, ballonartiges Hautgebilde, in dem sich das unverdaute Futter befindet) herausgezogen wurden. Sollte der Kropf sich nicht gelöst haben, das Messer an der Stelle unter Punkt 1 ansetzen, vorsichtig die Haut aufschneiden und den Kropf lösen.
6. Die Leber und die Galle genau betrachten – die Galle muss intakt sein! Galle ist bekanntlich sehr bitter, und wenn

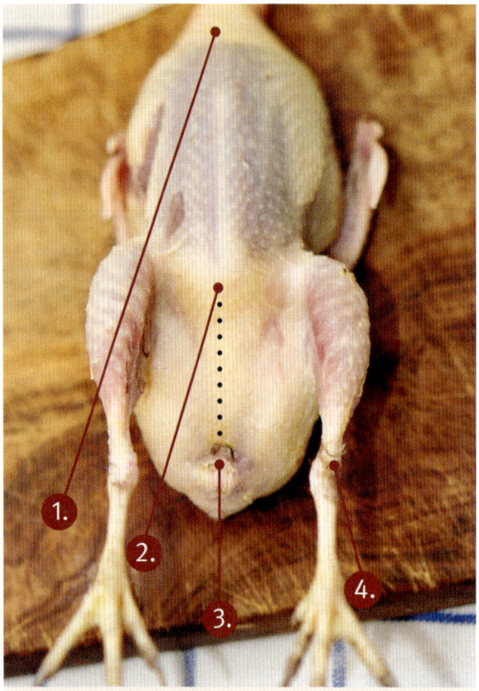

1. Kropf
2. Ende des Bauchraumes
3. Kloake
4. Gelenk, an dem die Füße abgetrennt werden

Wie auf dem Foto ersichtlich, wird der Körper auf ein Holzbrett gelegt. Der Schnitt erfolgt geradlinig von der Kloake bis zum Ende des Bauchraumes, wie es am Foto durch die gepunktete Linie angedeutet ist.

Gallenflüssigkeit ausgetreten ist, könnte daraus eine Beeinträchtigung des Geschmacks resultieren.

7. Füße an den Gelenken (4) abtrennen.
8. Wachtelkörper unter fließendem kaltem Wasser reinigen.

Die essbaren Innereien – richtig behandeln

- An der Leber haftet die Galle, die vorsichtig entfernt werden muss, ohne dass sie platzt!
- Den Magen (ein kräftiger Muskel) von Därmen und Leber lösen, eventuell das anhaftende Fettgewebe abzupfen.
- Bevor der Magen kulinarisch einsatzbereit ist, muss der Inhalt des Magens entfernt werden. Dieser Mageninhalt ist von einer stabilen Haut umschlossen und kommt praktisch mit dem Muskelfleisch nicht in Berührung.
- Einen vorsichtigen Schnitt (etwa 3 mm tief) entlang des kantigen und aufstrebenden Muskels bis zur gelb aufblitzenden Magenhaut setzen. Diese dabei nicht beschädigen.
- Die Magenhaut mit dem Mageninhalt vorsichtig mit den Fingern vom Magen-Muskelfleisch lösen. Es erscheint eine silbrig schimmernde Haut.
- Die Innereien ebenfalls unter fließendem Wasser abspülen und bis zum Verbrauch kühl lagern.

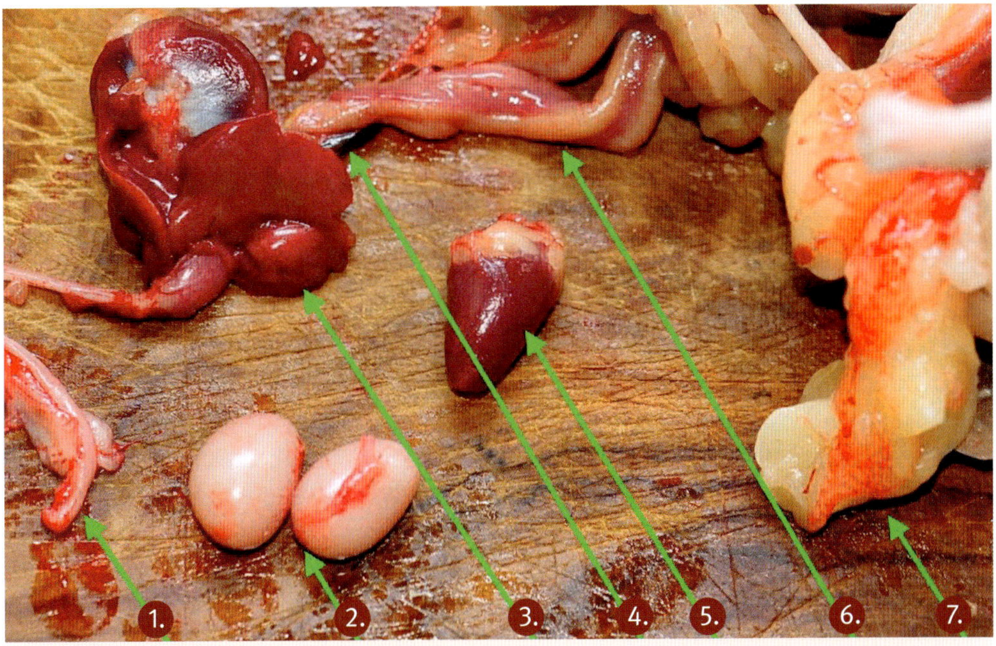

1. Kropf
2. Keimdrüsen
3. Leber mit Magen
4. Galle
5. Herz
6. Darm
7. Fett

Beim Ausnehmen einer Wachtel fallen essbare Innereien an, davon sollte nichts im Müll enden! Leber, Magen und Herz sind köstlich. Es gibt auch Liebhaber, die gern die Keimdrüsen verzehren.

DIE ZUBEREITUNG VON WACHTELFLEISCH

Wie für jedes andere Geflügel gibt es auch für die Zubereitung von Wachteln zahlreiche Rezepte.

Wichtig bei der Wahl des Rezeptes ist zu beachten, ob es sich bei der Wachtel um ein ausgesprochen junges Tier (etwa 8 Wochen) oder ein älteres Tier (etwa 8 Monate) handelt. Je nach Alter variieren die Garzeiten!

Wer den reinen Geschmack des Fleisches nicht verfälschen will, würzt z. B. gebratene Wachteln nur mit Salz und Pfeffer, eventuell ergänzt durch Rosmarin. Natürlich kann man jedoch ganz nach persönlichem Geschmack auch andere Gewürze verwenden und die folgenden Rezepte an eigene Bedürfnisse anpassen bzw. variieren.

Die Rezepte sind in der Regel für 4 Portionen ausgelegt. Pro Portion wurde eine Wachtel mit einem Gewicht von ca. 180 g bemessen (das Schlachtgewicht variiert zwischen etwa 100 und 180 g). Allerdings werden ausgesprochene „Fleischesser“ vom Genuss einer Wachtel kein Sättigungsgefühl erreichen. Denn außer der Brust ist der Fleischanteil bei Wachteln eher gering, auch die Keulen haben im Gegensatz zu anderen Geflügelarten eher wenig Fleisch.

Um eine Wachtel in der Pfanne braten zu können, sollte sie möglichst flach sein. Dazu wird sie in die sogenannte „Krötenform“ gebracht. Sie wird mehr oder weniger „platt gemacht“.

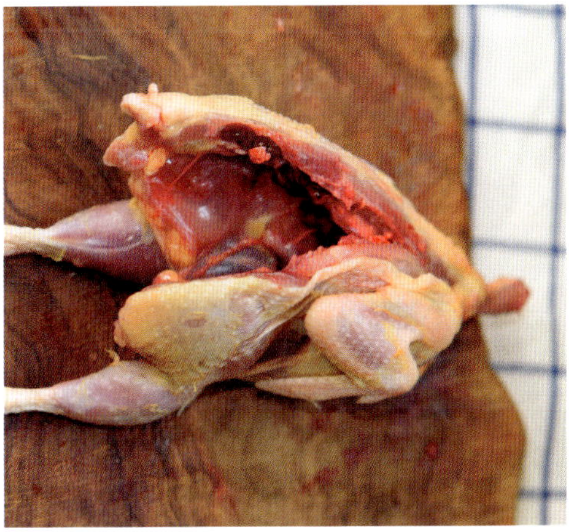

IN DER PFANNE GEBRATENE WACHTEL

Der „Krötenschnitt“

- Legen Sie die küchenfertige Wachtel mit der Brust auf ein Schneidebrett.
- Trennen Sie mit einem scharfen Messer (oder einer Geflügelschere) die Wachtel entlang der Wirbelsäule auf.
- Wenden Sie die Wachtel (Innenseite nach unten), führen Sie die Keulen zusammen und drücken Sie mit der flachen Hand die Wachtel flach auf das Schneidebrett.

Zutaten pro Portion

1 küchenfertige Wachtel (jung)
Salz und Pfeffer
etwas Rosmarin
Öl zum Braten
einige Zwiebelringe
3 Cocktailtomaten

Zubereitung

Die Wachtel wie oben beschrieben in „Krötenform“ bringen, würzen und im Kühlschrank gut durchkühlen lassen.

Das Öl in einer Pfanne erhitzen, die Wachtel auf beiden Seiten bei mittlerer Temperatur etwa 30 Minuten knusprig braun braten.

Die Zwiebelringe und die Cocktailtomaten etwa 10 Minuten vor Garende in die Pfanne geben und mitbraten.

TIPP! Grill-Variante

Eine Wachtel in Krötenform kann nach dem Würzen auch gegrillt werden.

WACHTELSUPPE MIT WACHTELEI-EISTICH

Zutaten für 4 Portionen

Suppe
2 küchenfertige Wachteln inkl. Innereien (Leber, Magen, Herz)
Salz
1 ½ l Wasser
1 Möhre (Karotte)
2 EL süße Sahne
1 Prise geriebene Muskatnuss
frische Petersilie
ein paar Spritzer Zitronensaft

Eistich
10 Eier
Salz
2 EL Milch
1 TL Butter zum Einfetten

Zubereitung

Die küchenfertigen Wachteln im leicht gesalzenen Wasser unter Zugabe der Innereien weich garen. Soll die Wachtelsuppe durch Suppengemüse verfeinert werden (etwa durch Zugabe einer Karotte), ist das Gemüse später dem Fond hinzuzufügen, da es ansonsten zerfiele.

In der Zwischenzeit für den Eistich die Eier in einen Topf schlagen, mit etwas Salz und der Milch verquirlen und in eine mit Butter ausgestrichene Auflaufform (oder in eine flache Schüssel) geben (die Eiermasse soll etwa 1–2 cm hoch sein).

Dieses Gefäß in kochendes Wasser stellen (das Wasser soll nur bis zur Hälfte der Gefäßhöhe reichen) und die verquirlte Masse garen, bis sie schnittfest gestockt ist (dauert etwa 5 Minuten). Während dieser Zeit nicht umrühren!

Sobald die Masse schnittfest ist, diese aus dem Gefäß lösen und etwas auskühlen lassen (dadurch lässt sie sich besser zerteilen).

Dann in appetitliche Streifen oder Würfel schneiden.

Die fertig gegarten Wachteln und die Karotte aus der Suppe nehmen.

Das Fleisch der Wachteln auslösen und in feine Streifen schneiden, die Karotte ebenfalls in Streifen oder Würfel schneiden.

Fleisch, Karotte und Eistich in die Suppe gegeben, Sahne und Muskatnuss hinzufügen und mit ein paar Spritzern Zitronensaft abschmecken.

Vor dem Servieren die fein gehackte Petersilie darüberstreuen, heiß servieren.

TIPP!

Anstelle von Eistich kann diese Suppe auch mit in etwas Butter frisch gerösteten Weißbrot- oder Toastbrotwürfeln serviert werden.

FRIKASSEE VON DER WACHTEL

Zutaten für 4 Portionen

4 küchenfertige Wachteln
Salz
1 Bund Suppengrün
200 g Basmatireis
1 Zwiebel
1 Knoblauchzehe
1 EL Butter
1 EL Mehl
6 Wachteleidotter (Eigelb)
oder 1 Eigelb vom Hühnerei
Pfeffer
Zitronensaft
Petersilie

Zubereitung

Die Wachteln in ca. 1 ½ Litern leicht gesalzenem Wasser zusammen mit dem Suppengrün weich garen. Junge Wachteln benötigen höchstens eine halbe Stunde, ältere Tiere können etwa 45 Minuten Garzeit beanspruchen – berücksichtigen Sie dies bitte bei der Zugabe des Suppengemüses. Die fertig gegarten Wachteln aus dem Kochfond nehmen (diesen beiseitestellen) und auf einen Teller legen, kurz auskühlen lassen.

Den Reis in einem Sieb waschen, die Zwiebel sehr fein würfeln, Knoblauchzehe fein hacken.

500 ml vom Wachtelfond abseihen und mit dem Reis, der Zwiebel und dem Knoblauch in einen Topf geben, zum Kochen bringen, dann zurückschalten und den Reis ausquellen lassen, bis er gar ist.

Die Wachteln in appetitliche Stücke teilen und in eine flache Schüssel geben, warm stellen.

Die Butter in einer Pfanne zergehen lassen, das Mehl hinzufügen und eine helle Mehlschwitze bereiten, mit dem Rest des Wachtelfonds aufgießen und mit dem Schneebesen gut verrühren, unter ständigem Rühren köcheln lassen, bis eine sämige Soße entsteht, dann vom Herd nehmen.

Die Soße mit Salz, Pfeffer und Zitronensaft abschmecken, die verquirlten Wachteleidotter oder das Hühnereigelb unter die Sauce ziehen.

Die Sauce über dem Fleisch verteilen und mit etwas gehackter Petersilie bestreuen, den Reis ringförmiger rund um das Fleisch anrichten. Die Schüssel in der Mitte des Tisches platzieren.

Servieren Sie zu diesem Essen einen frischen Tomatensalat.

TIPP! Essen für gesellige Runde

Ihre Gäste werden dieses Gericht lieben. Ein geselliges Essen, bei dem sich alle aus der gleichen Schüssel bedienen können. Für entspannte Abende im Familien- oder Freundeskreis.

FRITTIERTE WACHTELN MIT PASTINAKENPFANNKUCHEN UND PAPRIKA-TOMATEN-SALAT

Zutaten für 4 Portionen

4 küchenfertige junge Wachteln
Öl zum Frittieren

200 g Weißbrot oder 4 altbackene Brötchen (dann benötigt man mehr Milch zum Einweichen)
250 ml Milch
1 Zwiebel
Knoblauchzehen nach Geschmack
3 Pastinaken
100 g gedünstete Kastanien
2 Eier
etwas Estragon und Petersilie, fein gehackt
2 EL Olivenöl
50 g Butter zum Braten

Marinade
3 EL Cognac oder Armagnac
2 EL Sojasauce
1 EL Balsamicoessig
Salz

Gewürzmischung
1 TL Paprikapulver
1 TL Koriander, gemahlen
Salz und Pfeffer

Salat
je 1 rote und 1 gelbe Paprikaschote
500 g Tomaten
1 kleine Zwiebel
Salz und Pfeffer
1 Prise Zucker
Essig und Öl
frische Petersilie und frischer Dill

Zubereitung

Die Zutaten für die Marinade kräftig verrühren, die Wachteln innen und außen damit mehrmals bepinseln (oder die Marinade mit einer Spritze mit großer Kanüle ins Muskelfleisch spritzen).

Für die Gewürzmischung alle Gewürze vermischen und die Wachteln damit gleichmäßig einreiben. Die Marinade und die Gewürze 1 Stunde einziehen lassen.

Für die Pfannkuchen das Brot oder die Brötchen in der Milch einweichen, Zwiebel und Knoblauch schälen und fein würfeln.

Die Pastinaken waschen und bürsten, in kleine Würfel schneiden und in etwas leicht gesalzenem Wasser weich garen, dann abseihen.

Die Kastanien weich garen und zusammen mit den Pastinaken pürieren und mit den übrigen Pfannkuchenzutaten in eine Schüssel geben, zu einem Teig verrühren.

Aus dem Teig 4 Pfannkuchen formen und in der erhitzten Butter goldgelb braten.

Das Öl in der Fritteuse auf 180 °C erhitzen und die jungen Wachteln darin goldbraun frittieren.

Für den Salat Paprikaschoten waschen, von Kernen befreien und in feine Streifen schneiden, Tomaten waschen, halbieren und ebenfalls in feine Streifen schneiden, Zwiebel schälen und fein würfeln.

Alles mit den Gewürzen, Essig und Öl vermischen und zum Schluss die gut gewaschenen, abgetropften und gehackten Kräuter unterheben.

Die Wachteln mit den Pfannkuchen und dem Salat servieren.

WACHTELN IN KNOBLAUCH MIT GEDÜNSTETEM WILDREIS

Zutaten für 4 Portionen

4 küchenfertige Wachteln
Salz und Pfeffer
Butter zum Anbraten
1 kleine Zwiebel
Knoblauch nach Geschmack
500 ml Hühnerfond
1 Prise Muskatnuss
1 EL Sojasauce

Reis
200 g Wildreis
(wahlweise auch anderer Reis)
4 EL natives Olivenöl
1 Tasse Tomatensaft
1 Knoblauchzehe

Zubereitung

Wachteln mit Salz und Pfeffer einreiben und von allen Seiten in einer gebutterten Auflaufform ca. 45 Minuten im Backofen bei 180 °C braten, bis sie knusprig braun sind.

In der Zwischenzeit den Reis in einem Sieb mit heißem Wasser waschen und anschließend abtropfen lassen.

Das Olivenöl in einem Wok erhitzt, den abgetropften Reis hinzufügen, kurz anbraten und dann mit dem Tomatensaft ablöschen und bei geringer Wärmezufuhr mit einem Deckel verschlossen ausquellen lassen.

Die gebräunten Wachteln aus der Auflaufform nehmen, auf die Herdplatte stellen, darin die geschälte und zerkleinerte Zwiebel und die gehackten Knoblauchzehen etwa 10 Minuten lang (bis zur gewünschten Farbe) bräunen.

Wenn die Zwiebel- und Knoblauchstücke die gewünschte Bräune erreicht haben, mit dem Hühnerfond ablöschen, anschließend Muskatnuss und Sojasauce hinzufügen (der Fond sollte nicht zu kräftig schmecken, da er noch ein wenig eindampfen soll). Die Wachteln hineingegeben und bei mäßiger Hitze etwa 30 Minuten im Fond köcheln lassen.

Wenn die Wachteln gar sind, aus dem Fond nehmen, auf Tellern anrichten.

Den gekochten Reis in den Fond geben und mit fein gehacktem Knoblauch würzen, auf den Tellern mit den Wachteln anrichten und heiß servieren.

TIPP! Knoblauch später

Beachten Sie bitte, dass Knoblauch schnell verbrennt. Deshalb ist es sinnvoll, erst die Zwiebel glasig zu bräunen und dann den gehackten Knoblauch hinzuzufügen.

WEIHNACHTSESSEN: WACHTELN MIT AUSTERNPILZEN UND KARTOFFELN

Zutaten für 6 Portionen

6 Wachteln

Kruste
4–5 einfache Lebkuchen
50 g Butter
Salz und Pfeffer

12 Kartoffeln
500 g Austernpilze
Olivenöl
Salz und Pfeffer

Zubereitung

Für die Kruste die Lebkuchen in eine Schüssel geben und etwas Wasser hinzufügen, wenn sie weich sind, mit einem Handrührgerät zu einem Brei verrühren.

Die Butter mit etwas Salz und Pfeffer in diesen Lebkuchenbrei einkneten.

Die Wachteln in eine Auflaufform geben und mit Salz und Pfeffer würzen, den Lebkuchen-Butter-Brei auf den Wachteln verteilen und im auf 200 °C vorgeheizten Backofen etwa 25 Minuten garen.

Inzwischen die Kartoffeln waschen, schälen und mit etwas Salz garen.

In einer Pfanne etwas Olivenöl erhitzen, die gewaschenen und zerteilten Austernpilze darin scharf anbraten mit Salz und Pfeffer würzen.

Die Wachteln mit der Lebkuchenkruste aus dem Ofen nehmen und mit den heißen Kartoffeln und den Pilzen servieren.

TIPP! Eigene Austernpilze

Austernpilze kommen in unseren Breiten vereinzelt wild im Wald vor. Man findet sie um die Weihnachtszeit bis weit in den Februar hinein. Wer einen Garten besitzt, kann sich in einem Schattenbereich sogar im Wachtelauslauf eine Kultur anlegen. Pilzbrut ist im Fachhandel erhältlich.

WACHTELN GEFÜLLT MIT PILZEN ZU SAUERKRAUT-ANANAS-SALAT

Zutaten für 4 Portionen

4 Wachteln

Fülle
400 g Austernpilze oder Champignons
Olivenöl oder Butter zum Braten
Salz und Pfeffer
1 Bund Petersilie
2 Zwiebeln
1 Glas fruchtiger Weißwein

Sauerkraut
250 g frisches Sauerkraut
1/2 frische Ananas oder
eine Konserve Ananaswürfel
3–4 EL süße Sahne

Zubereitung

Für die Fülle die geputzten, klein geschnittenen Pilze in einer Pfanne in erhitztem Olivenöl oder in Butter, mit Salz und Pfeffer gewürzt, so lange scharf anbraten, bis das gesamte Kochwasser verdampft ist und die Pilze sich bräunen.

Wenn diese eine schöne braune Farbe angenommen haben, die gehackte Petersilie und die fein gewürfelten Zwiebeln hinzugeben, gut vermischen, diese Mischung in die küchenfertigen Wachteln füllen.

Die Beine der Wachtelkörper zusammenbinden oder den Bauch mit einer starken Stopfnadel und weißem Baumwollzwirn zunähen (auch mithilfe einer Rouladennadel lässt sich der Bauch schließen) – auf diese Weise bleibt die Füllmasse im Inneren der Wachteln und diese trocknen während des Bratens nicht aus.

Die so vorbereiteten Wachteln in einer Auflaufform im Backofen bei etwa 180 °C etwa 40 Minuten von allen Seiten bräunen.

Danach mit dem Weißwein ablöschen, zugedeckt 30 Minuten bei mittlerer Hitze köcheln lassen.

Für den Salat das Sauerkraut bei Bedarf klein schneiden, Ananas schälen, Fruchtfleisch würfelig schneiden bzw. Ananaswürfel aus der Dose abtropfen lassen, beides gut mit der süßen Sahne vermengen.

Die fertig gegarten Wachteln mit dem süß-sauren Salat reichen, dazu passt Kartoffelpüree oder Reis.

WACHTELBRUST IN ASPIK

Zutaten für 4 Portionen

4 Wachteln
Salz

2 Päckchen Gelatine
1 Tasse feine grüne Erbsen aus der Konserve
1 Tasse Zuckermaiskörner aus der Konserve
1/2 halbe frische Ananas, fein gewürfelt
Essig

Zubereitung

Die Wachteln in Salzwasser je nach Alter ca. 30–45 Minuten ganz weich garen, aus dem Sud nehmen, 500 ml vom Sud beiseitestellen.

Fleisch leicht erkalten lassen, von den Knochen lösen und in appetitliche Stücke zerteilen.

Gelatine im beiseitegestellten Kochsud einweichen, danach unter ständigem Rühren erhitzen.

Sobald der Siedepunkt erreicht ist, die Wärmezufuhr reduzieren und das Fleisch, die Erbsen, den Mais und die Ananasstücke hinzufügen und kräftig durchrühren.

Danach die Wärmezufuhr wieder erhöhen und unter Rühren diese besondere Sülze kurz aufkochen lassen, mit einem Schuss Essig und Salz nach Geschmack würzen.

Die Sülze in eine flache Glasform füllen und auskühlen lassen, danach für ein paar Stunden in den Kühlschrank stellen und fest werden lassen.

Serviert wird diese feine Wachtelfleisch-Sülze auf Toast zu Salat.

TIPP! Einzigartig

Diese Speise ist geschmacklich mit nichts vergleichbar, das Sie kennen. Anstelle der frischen Ananas können Sie auch Ananaswürfel aus der Dosen verwenden. Allerdings müssen Sie die Fruchtstücke gut abtropfen lassen, damit die Gelatine schnittfest bleibt.

GEFÜLLTE WACHTELN

Zutaten für 4 Portionen

4 Wachteln
reichlich Wasser
Salz und Pfeffer
2 Zwiebeln
ev. einige Knoblauchzehen

Fülle
250 g Reis
Salz
1 EL Olivenöl
1 Zwiebel
100 g Karottenwürfel
100 g frische Pilze
reichlich Petersilie
frischer Koriander

Hilfsmittel
weißen Baumwollzwirn
1 große Stopfnadel

Zubereitung

Für die Fülle Reis in leicht gesalzenem Wasser aufkochen und etwa 5 Minuten ausquellen lassen.

Anschließend den Reis durch ein Sieb abseihen und den Reis abtropfen lassen.

In einer Pfanne das Olivenöl erhitzen und darin eine geschälte, fein gewürfelte Zwiebel anbraten. Sobald diese sich bräunt, die Karottenwürfel sowie die gereinigten und zerkleinerten Pilze hinzufügen, alles kräftig anbraten.

Foto © Mona Lorenz

Den abgetropften Reis in eine große Schüssel geben, die gebratene Pilz-Zwiebel-Karotten-Mischung, die gebratene Pilz-Zwiebel-Mischung, die klein geschnittene Petersilie und den gehackten Koriander dazugeben, mit Salz und Pfeffer würzen und die Masse gut vermengen.

In einem großen Topf gesalzenes Wasser, geschälte Zwiebeln und eventuell geschälte Knoblauchzehen aufkochen lassen.

In der Zwischenzeit bei den küchenfertigen Wachteln am Hals die Haut gut vernähen, danach die Wachtelkörper mit der Reismasse ordentlich füllen, den prall gefüllten Bauchraum anschließend ebenfalls gut vernähen, dann die gefüllten Wachteln ins köchelnde Wasser geben.

Nach etwa 20 Minuten Garzeit die Wachteln aus dem Kochsud nehmen und in eine ordentlich ausgebutterte Auflaufform legen.

Im auf 180 °C vorgeheizten Backofen braten, bis die Haut sich appetitlich gebräunt hat.

Die Wachteln mit einem frischen Salat oder mit Püree und Brennnesselspinat servieren.

FLAMBIERTE WACHTELN ZU KARTOFFELKRAPFEN

Zutaten für 4 Portionen

4 Wachteln
1 Schuss Cognac
Salz und Pfeffer
Rosmarin
Butter

Kartoffelkrapfen
500 g mehlige Kartoffeln
25–50 g Butter
Salz
Muskatnuss nach Geschmack
100 g getrocknete Tomaten
2 Eigelb (Eidotter) vom Hühnerei

Zubereitung

Die küchenfertigen Wachteln in eine Pfanne oder einen Wok legen, mit dem Cognac begießen und flambieren.

Wenn das Feuer erloschen ist, die Wachteln herausnehmen, auf ein Schneidbrett legen und in „Krötenform" bringen (siehe S. 147). Wachteln mit Salz, Pfeffer und Rosmarin würzen, Gewürze kurz einziehen lassen.

Die Kartoffeln waschen, schälen, garen, abseihen und kurz ausdampfen lassen, dann mit Butter und Gewürzen pürieren.

Die getrockneten Tomaten mit einem scharfen Messer zerkleinern und mit den Eidottern unter das Püree mischen. Das fertige Püree in einen Spritzsack füllen und auf ein gebuttertes Backblech dressieren (oder mit einem Esslöffel kleine Krapfen portionieren), im vorgeheizten Backofen bei 200 °C 25 Minuten backen.

Die vorbereiteten, flambierten Wachteln in einer erhitzten Pfanne in zerlassener Butter braten oder auf einem Grill etwa 20 Minuten lang garen.

Als Beilage empfehle ich Pilze oder einen frischen Salat.

ANHANG

ADRESSEN, LINKS & TIPPS

Mietrecht

https://www.mieterschutzverband.at/news-mieterschutz-miete-mieter-wohnungsmiete/neues-urteil-zu-kuendigung-wegen-tierhhaltung/

https://www.berliner-mieterverein.de/recht/infoblaetter/info-64-tierhaltung-in-der-mietwohnung.htm?hilite=%27Tierhaltung%27

Käfige und Boxen

In jeder Tierhandlung und im Internet in zahlreichen Variationen erhältlich

Möbel zum Umbauen

Eigene alte Möbel oder aus dem Sperrmüll (bevor Sie Sperrmüll vom Sammelplatz entfernen, holen Sie sich zuvor das Einverständnis des Eigentümers)

Kartons

Vor Geschäften, in Geschäften, bei Nachbarn – nachfragen, auf der Straße

Baumaterialien

In Baumärkten, im Internet und aus dem Sperrmüll-Fundus

Farben zur Gestaltung

Künstlermaterialien: Boesner, Gerstaecker sämtliche Baumärkte, Holzhandlungen, Internet

Futtermittel

Fachhandel, Internet oder eigener Anbau.

Auch die Wachtel ist, was sie isst ... Und gesunde, wohlschmeckende Eier verdanken wir auch in erheblichem Maß einem ausgewogenen Futter. Ich habe mir deshalb die Zusammenstellung von im Handel erhältlichem Körnerfutter angesehen. So manches in den Mischungen enthaltene Getreide ist auch für die menschliche Ernährung absolut empfehlenswert. So sind z. B. die Vorzüge der Hirse vielen gesundheitsbewussten Mitmenschen hinlänglich bekannt.

Milokorn: Das Milokorn ist eine Hirseart (Sorghumhirsen) aus der Familie der Süßgräser, zu denen auch unsere einheimischen Getreidearten zählen. Die Hauptanbaugebiete befinden sich in den USA, gefolgt von Nigeria, Mexiko, dem Sudan und der Volksrepublik China.

Nigersamen: Beim sogenannten „Nigersamen“, auch „Ramtillkraut“ genannt, handelt es sich um den Samen einer für umweltorientierte Hausgärtner absolut empfehlenswerten Grünpflanze. Die Samen können bis August, also bereits nach dem Abernten der ersten Gemüsebeete, im Garten verteilt werden. Die Pflanzen entwickeln sich zügig zu gigantisch anmutenden Grünpflanzen, deren dichtes Blätterdach keinen Sonnenstrahl mehr auf den Boden fallen lässt. Dadurch wird das Beikraut zuverlässig unterdrückt. Nach nur etwa 8 Wochen entwickelt das Ramtillkraut schöne, gelbe Blütenköpfe, die zahlreiche Insekten einladen. Unter günstigen Bedingungen werden Samen gebildet, die für einheimische Wildvogelarten, wie Zeisige und Finken, sehr wichtig sind. Ramtillkraut ist sehr frostempfindlich und stirbt im Winter zuverlässig ab.

Für die Fütterung der Wachteln können die Samen vorgekeimt werden, was ihre Wertigkeit erhöht.

„Kardisaat“ ist bei uns unter dem Namen „Saflor“ geläufig. Saflor ist eine alte Färberpflanze, wie etwa der Waid, und gehört in die Familie der Disteln, wie etwa die Artischocke. Saflor wird in unseren Breiten auch „falscher Safran“ genannt. Bedeutung hat diese Pflanze wegen ihrer Farbstoffe erlangt. Saflor ist eine Ölpflanze, die sich auch in Dürrezeiten gut entwickelt. Die Samen ähneln kleinen, geschälten Sonnenblumenkernen. Für den eigenen Anbau im Garten ist sie eine gute Wahl, da die Pflanze zuverlässig Erträge liefert und mit tiefen Temperaturen (etwa dem Eintritt der „Eisheiligen“) wenig Probleme hat. Erst bei Temperaturen jenseits minus 10 Grad muss Saflor vor der Kälte geschützt werden. Saflor eignet sich ausgesprochen gut, um in den Auslauf gesät zu werden, da das dichte Blattwerk optimalen Schutz für die Wachteln liefert.

Aussaat-Zeitpunkt ab April. Geerntet werden fortlaufend ab Ende September die Samen der braunen, trockenen Blütenknöpfe.

Die Blütenblätter – der „Falsche Safran“ – werden von Hand laufend gepflückt, sobald sie sich tiefrot gefärbt haben. Die Blütenblätter können wie „echter Safran“ zum Beispiel zum Färben von Speisen verwendet werden.

„Kanariensaat“: Eine Mischung aus unterschiedlichen kleinen Samen verschiedener Pflanzen, die Ingridienzien sind beachtenswert: In einigen, sich mit Gesundheit und Wohlergehen befassenden Internetportalen, wird diese Mischung als gesundheitsfördernd für den Menschen angegeben und der Verzehr empfohlen.

Spinne-Futter: Ölsämereien-Rennfutter, bestehend aus Hirse, Raps, Rohreis, Leinsaat, Haferkernen, Kanariensaat, Hanf, Sonnenblumenkernen und Kardisaat

Ergänzungsfutter

Ein Unternehmen mit Sitz in Belgien, Versele-LAGA „Contrys Best“, bietet Wachtelfutter und Küken-Aufzuchtfutter an, das Wachteln und Küken zuverlässig mit allen lebensnotwendigen Stoffen versorgt. Da jedoch auch Rohprotein, Rohfett, Lysin, Methionin und Natrium Bestandteile des Futtermittels sind, empfiehlt sich dieses Futter allerdings nur als Ergänzungsfutter.

Lysin ist ein wichtiger Bestandteil von Küken-Aufzuchtfutter. Lysin ist ein Eiweiß, also ein Protein, eine essenzielle Aminosäure. Es fördert den Muskelaufbau, lässt die Knochen wachsen, ist an der Zellteilung und an der Wundheilung beteiligt und ist für die Kollagen-Produktion. Ein Mangel kann zu Wachstumsstörungen und zu einer Immunabflachung führen.

Methionin ist eine Aminosäure, die in den Proteinen aller Lebewesen vorkommt, aber nicht selbst hergestellt werden kann, daher muss Methionin mit der Nahrung aufgenommen werden.

Wachtel-Shop.com®
For you. For your quails.
Alles für Ihre Wachtelhaltung bequem online bestellen!
Jetzt -10%* auf Ihren Einkauf sichern!
Code: wachtelgold22
Buntes Quailzz®-Zubehör
Artgerechte Futterergänzungen & pflanzliche Milbenabwehr
Authorised Brinsea Distributor
Brinsea
Incubation Specialists
Bruteier, Brutgeräte & Zubehör
Naturnahes Futter und ausgewählte Snacks aus eigener Herstellung
Viel Praktisches für Zuhause
Senefelderstraße 27 | 74182 Obersulm
Tel. 07134-9174410 | info@wachtel-shop.com
Immer auf dem Laufenden bleiben:
wachtel_shop | @wachtelshopcom
WWW.WACHTEL-SHOP.COM
* Rabatt gültig bis 31.12.2023. Nur ein Gutschein pro Person/Haushalt. Keine Barauszahlung. Nicht auf bereits reduzierte Artikel und Sets. Nicht auf Rcom Brutgeräte. Nicht mit anderen Rabatten kombinierbar.